U0317118

交叉小径的花园

趣说数学探索史

王亚晖 著

海豚出版社
DOLPHIN BOOKS
CICG 中国国际传播集团

图书在版编目（CIP）数据

交叉小径的花园：趣说数学探索史 / 王亚晖著. --
北京：海豚出版社, 2023.12
ISBN 978-7-5110-6579-7

Ⅰ.①交… Ⅱ.①王… Ⅲ.①数学 – 青少年读物
Ⅳ.①O1-49

中国国家版本馆CIP数据核字（2023）第178999号

交叉小径的花园：趣说数学探索史
JIAOCHA XIAOJING DE HUAYUAN: QU SHUO SHUXUE TANSUOSHI
王亚晖　著

出 版 人	王　磊
责任编辑	李文静　梅秋慧
特约编辑	孙淑慧
封面设计	大愚文化
责任印制	于浩杰　蔡　丽
法律顾问	中咨律师事务所　殷斌律师
出　　版	海豚出版社
地　　址	北京市西城区百万庄大街24号
邮　　编	100037
电　　话	010-68325006（销售）　010-68996147（总编室）
邮　　箱	dywh@xdf.cn
印　　刷	三河市百盛印装有限公司
经　　销	新华书店及网络书店
开　　本	880mm×1230mm　1/32
印　　张	8.25
字　　数	180千字
印　　数	8000
版　　次	2023年12月第1版　2023年12月第1次印刷
标准书号	ISBN 978-7-5110-6579-7
定　　价	59.00元

目 录
contents

你学会数数的那一刻，其实已经凝结了数十万年人类发展史的结晶。而这一切也是现代数学这座宏伟大厦的基石。

第一节　数的认识

　　亲爱的读者朋友们，我们从很小就开始学习数学，从咿呀学语时期的数数练习，到简单的方程、平面几何、函数、数理统计，很多人在大学期间还要继续学习微积分和线性代数等高等数学知识。生活中很多人都对数学感到无比头疼，他们艰难学习了十几年，却没有考虑过一个最简单的问题：如果没有数字，我们会用什么办法计数呢？

　　这个问题是不是让你感觉很奇怪？因为当你看到 3 头牛的时候，脑子里立刻会冒出来一个数字"3"，你甚至能想到 3 是 3 个一的意思，但是你无法想象如果没有数字的话会是什么状况。在人类的文明史上，数字的出现很晚。在几十万年前的原始社会中，人类是没有"数"这一概念的。早期的数量统计只涉及物体，而不会抽象为一个数字。比如，游牧民族看到了 3 头牛和 5 头野猪，在他们眼中，这是两个整体。他们能判断 5 头野猪看起来更多，但当时他们没办法具体地做比较。

　　我们现在都知道，数表达的是一个尺度关系，但是在人类没有发明数字前，这个尺度关系是模糊的。人们只能比较物体的多和少，但是没办法确认"多多少"或者"少多少"。而发展过程中最大的突破，是人类意识到

"一"的存在，即把一个个体区别于多个个体。这可能听起来很奇怪，但人类意识到这一点确实经历了漫长的过程，而最早意识到"一"和"多"的关系，是通过我们的身体。

在全世界几乎所有的文明中，最早被采用的计数方式都是身体计数。没错，也就是掰手指头。但人类的手指头只有 10 个，在无法计数的情况下，就会使用一些独特的手势。几乎每种文明都有一套自己的"手势计数法"。比如，中国人把大拇指和小拇指同时伸向两边，其余手指并向手心来表示 6。印度的计数手势最为复杂，除大拇指外，每个手指关节表示一个数字，用大拇指掐对应的指节来表示数字，每只手最多能表示 12 个数字。据说最复杂的计数手势来自西伯利亚的尤卡吉尔人，在他们的文明当中，至今都是用人体器官来计数。如果想要表示 94 头驯鹿，他们会说："3 个人站在 1 个人上面，再加上半个人和 1 个人的前额、两只眼睛和一个鼻子。"而中国不同地区的计数手势也有些许差别。比如，在中国的大部分地区，只需要伸出大拇指和食指就可以表示数字 8；但在南方的有些地区，人们是把大拇指、食指和中指都伸出来表示数字 8；还有一些地区，7 和 8 都是大拇指和食指来表示，只是指示的方向不同。

正是因为使用手指计数的方式，所以在一些文明中，也产生了有趣的进制系统。比如，很多地区都是使用五进制去计算的，在波利尼西亚群岛和美拉尼西亚群岛的一些部落里，现在依然延续着五进制的数字系统。还有一些地方采用二十进制的系统。比如，北美原住民部落以及西伯利亚地区，就有很多人使用二十进制，甚至在法语中，数字 80 的说法也是 4 个 20，格鲁吉亚语也用 20 作为倍数的基准：40 是 2 个 20；60 是 3 个 20；80 是 4 个 20。显而易见，采用五进制的地区是默认只用一只手来计数，采用二十进制的则是算上了脚趾头。它们看起来都有些怪异，所以，今天我们所见的大多数地区最终采用的都是十进制系统，也就是将两只手的手指凑到一起。

不过，用身体计数的方式有三个显而易见的硬伤：一是表达数字有上限，大部分身体计数的极限都很难超过 20；二是难以进行计算，因为可表达的数字很难超过 20，所以一般只能做较小数字的加减法，就像我们小时候一样，算数必须掰着手指头算，更何况在连数字都没有搞清楚的情况下计算加减法，可想而知会有多么困难；三是无法记录，由于身体计数只能现场计算，没办法落实成文字，原本说好的交易可能无法牢记。

当然，在原始社会，人类对于计数并没有太迫切的需求。其根本原因是当时的物资极为匮乏，原始人类以狩猎和采摘为生，每天的收获或许都无法满足生存需要，更不要说留下来一部分东西做统计了。到了原始社会后期，人类学会了分工协作，同时伴随着部落的出现，才有了统计物品和分配财产的需要，也就是当人类生产能力足够强的时候，才有清点物品的动力。

于是，在公元前 4 万年左右，脱离人身体的外部计数工具出现了。迄今为止，人类发现的最早的计数工具是"莱邦博骨"，出土于非洲南部的斯威士兰。那是一块狒狒的腓骨，上面有 29 道刻痕，据分析这 29 道刻痕就是计数用的。[1]有人猜测，这组数字记录的可能是月相，但是目前无从考证。刻痕计数的出现一下解决了三个问题，首先是理论上上限可以无限多，当然刻太多也不现实，但至少能保证两位数级别的数字；其次是可以直接在骨头上进行计算，多了东西就添加一道刻痕，少了就抹去或者划掉一道刻痕；最后，骨头本身就是一个记录文件，甚至可以作为交易的凭证。

这种在骨头上刻痕的计数方式被称为"契刻"。

最为知名的契刻是伊尚戈骨，发现于非洲乌干达与刚果民主共和国交界处的伊尚戈村，骨头大约来自公元前 8500 年，上面刻着三组纹路，其中第一组为 11、13、17、19，第二组为 11、21、19、9，第三组则为 3、6、4、8、10、5、5、7。我们无从知道每个数字代表了什么，但是可以确定的是，当时的人类已经拥有使用抽象数字记录的能力了。

伊尚戈骨

1 Beaumont, Peter B. *Border Cave-A Progress Report*[J]. South African Journal of Science. 1973, 69: 41–46.

当人类学会了抽象的数字表达后，那么5就可以表达为5个手指头、5头牛或是5头猪了，数字也就具备了通用性。当人类再去看3头牛和5头野猪时，就能想象出5大于3这个关系。

类似的契刻在多个文明遗址中都曾出现过。比如，北京的山顶洞人遗址中就发现过四根带有刻痕的骨管，上面的刻痕就是计数用的；20世纪70年代，在青海省乐都县出土了新石器时代的原始社会墓葬，里面发掘出了49枚骨片，它们的尺寸大小基本一致，均是1.8cm×0.3cm×0.1cm的长方体，其中的35枚有1个刻口，3枚有3个刻口，2枚有5个刻口，这极可能是早期的数据统计工具，而且比单纯的刻痕更加复杂，甚至可以用于计算。

与契刻类似的是结绳计数，也就是靠绳子打结的数量来统计。在南美的一些部落里流行着多种复杂的结绳系统，不同粗细和颜色的绳子以及不同的打结位置，代表着不同的数字。其中最为知名的是古印加人的计数工具奇普（Quipu），但由于历史上印加帝国遭受过西班牙的侵略，经历过文化洗刷后，我们已经无法完整解读其具体的数字表示方式。但直到今天，南美依然有原始部落在使用着类似的计数体系。

然而，我们上面谈到的都是相对落后的数字表达方式。真正的数字普及，要伴随着文字的到来，也就是伴随着文明的诞生。

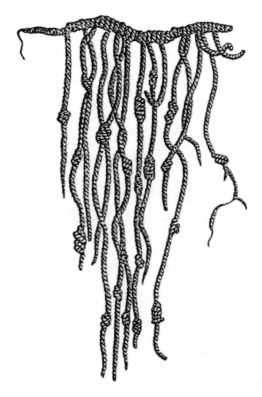

印加帝国的计数工具奇普

所以，读者朋友们还记得自己什么时候学会了数数吗？你学会的那一刻，其实已经凝结了数十万年人类发展史的结晶。而这一切也是现代数学这座宏伟大厦的基石。

下面，我们要正式进入人类文明的开端了。

第二节 莎草纸上的古埃及数学

早期的人类文明活动轨迹中，发现了大量与数学有关的信息，但由于留存下来的具体内容很少，不易考证，更多的是针对内容的猜测。真正大规模地发现数学相关的内容，也伴随着古代文明的诞生。一般认为西方文明起源于近东地区，这一地区不同于兵荒马乱的欧洲，当地人们一直在努力发展自己的文明和文化，进而在未来影响了欧洲大陆，甚至演化出了整个西方文明。数学也是如此，所以当我们讨论数学史时，就必须把精力放在这里。

在考古发掘过程中，人类第一次有证据地发现数学的应用是在两个区域：一是底格里斯河和幼发拉底河中间的区域，也就是美索不达米亚平原，主要位于今天的伊拉克境内；二是埃及和非洲东北部尼罗河流域的河谷地区。在这两个区域，人们发现了大量有迹可循的数学文献。

早期数学在这两个区域出现的根本原因是政府和奴隶制的诞生。为了方便对民众的管控，政府需要制定合理的税费制度和生产活动政策，也就需要大量的数学运算。所以在当时，数学是集权政府的一种统治工具，政府会招募一些专门负责计算的人员，这些人就是世界上最早的数学家，也是历史学者口中的"抄写员"。

我们的故事从古埃及开始讲起。

古埃及的位置与现在埃及的位置差不多，位于尼罗河下游的谷地。从大约公元前 3000 年开始，这里就已经有了奴隶制国家，并且依托尼罗河发展农业，促进了早期农业产品和工业产品的诞生。

古埃及科学最被人熟知的是"纪年法"。其中，以埃及历最为知名。当今的古埃及学者认为，公元前 4241 年是人类最早开始纪年的年份，这也是埃及历被采用的第一年。埃及历包含 12 个月，每个月 30 天，此外加上了 5 个庆祝日，共计 365 天。在早期的文明中，古埃及对于历法的精准度追求是近乎于变态的，曾有学者猜测，这会不会是出于某种宗教性目的。但是近些年，学者们逐渐认为这是为了服务于农业。

尼罗河为古埃及带来了肥沃的土壤，同时，也带来了让人头疼的水患。所以早期的古埃及人必须记录下尼罗河水泛滥的时间，于是他们开始观测天象，想找出天象与河水泛滥的直接关系。古埃及人发现，每逢天狼星[1]清晨升起时，正好是尼罗河涨水的开始，所以古埃及人把两次天狼星清晨升起的时间间隔作为一年，而这个时间间隔，正好是 365 天。此后在这个基础上，进一步细化了古埃及的历法。

古埃及文献保存至今的并不多，当时埃及人在一种名为莎草纸的载体

1　天狼星是距离地球最近的恒星之一，所以亮度极高，包括中国在内，很多文明对其观测的记录都非常早。

上书写。莎草纸使用尼罗河三角洲的纸莎草的茎制成，这种草在近东地区分布极为广泛。公元前3000年，古埃及人就开始使用莎草纸，并将其出口到古希腊等其他古代文明国家，一直到公元3世纪前后，莎草纸才逐渐被羊皮纸替代。而一些埃及人，甚至到公元8世纪还在使用莎草纸，可以说莎草纸是人类文明最早的便捷载体。事实上，莎草纸在英语中写作Papyrus，它是英文中纸（Paper）一词的词源，相当于认同了莎草纸和现代纸张的一脉相承。在考古学中，有一批学者专门研究莎草纸，尤其是研究古埃及、古希腊和古罗马的历史学家，一定会有所涉猎。现在的中文语境里，一般把撰写在莎草纸上的书籍叫作纸草书。

莎草纸虽然有很多优点，但是对于考古工作者来说也有一个显而易见的缺点——难以保存。莎草纸只有在极其干燥的环境下才能长期保存，而大量的莎草纸被运往海外，导致得以保存下来的内容并不多，且损毁严重。所以如今我们对古埃及文明的探究，大多是依靠极少的文献进行分析的。而关于古埃及真正的数学水平，一直存在着一定程度的争议。但我们还是可以认为古埃及对数学的理解在当时的世界上属于最高水平之一。

关于古埃及的数学水平，大多是参考19世纪考古学家带回英国的《莱因德纸草书》（*Rhind Mathematical Papyrus*）来了解的。《莱因德纸草书》总长525 cm，高33 cm，大部分藏于大英博物馆，少部分藏于美国纽约布鲁克林博物馆。

《莱因德纸草书》是约公元前1650年，由古埃及僧侣在纸草上抄写的

一张莎草纸的账单

一部数学著作。根据书中描述，该书的内容抄自法老阿蒙涅姆赫特三世时期（公元前 1842—公元前 1797）的一部更早的著作，也被认为是世界上最早的数学著作。

《莱因德纸草书》局部

《莱因德纸草书》的内容分为两部分：第一部分是一张分数表，第二部分是 85 个问题。这些问题涉及大量的基础数学概念，包括素数、合数等，甚至初步计算出 π 的值是 3.1605。其中最为知名的是"古埃及分数"。

古埃及拥有的分数系统已经非常先进了，证明了古埃及人除了拥有以"1"为整体的概念，还拥有切分数字的概念，能把一个整体想象成一系列更小部分的组合。而更有趣的是，古埃及分数还十分复杂。古埃及分数是单分子分数，也就是基本只使用分子是 1 的分数，如 $\frac{1}{3}$ 和 $\frac{1}{5}$。当需要分子不为 1 时，可以通过计算来获得对应的结果，如 $\frac{2}{5}=\frac{1}{3}+\frac{1}{15}$，$\frac{2}{11}=\frac{1}{6}+\frac{1}{66}$，

$\frac{2}{29}=\frac{1}{24}+\frac{1}{58}+\frac{1}{174}+\frac{1}{232}$。这些都是书中记载的分数。

书中还记载了一道有些难度的数学题，如：一个数和它的 $\frac{1}{7}$ 加起来是

19，这个数是多少？按照现在的数学知识，很容易求解，即

$$x+\frac{1}{7}x=19$$

$$\frac{8}{7}x=19$$

$$x=\frac{133}{8}$$

如果用古埃及人的分数组合表示的话，结果就是 $16+\frac{1}{2}+\frac{1}{8}$。

但是这套方法也存在明显的问题，一个分数有很多种被拆分的方法，而书里的拆分法可能并不是最佳的，甚至是不统一的，更像是在经验主义下得到的结果，而不是一套严谨的数学推理。比如，$\frac{5}{7}=\frac{1}{2}+\frac{1}{7}+\frac{1}{14}$ 也可以是 $\frac{5}{7}=\frac{1}{3}+\frac{1}{4}+\frac{1}{8}+\frac{1}{168}$。埃及分数的这种特性，也衍生出了一系列的数学猜想，其中最为知名的是埃尔德什 – 施特劳斯猜想（Erdős–Straus conjecture），由匈牙利犹太数学家保罗·埃尔德什（Erdős Pál，1913—1996）与德裔美国数学家恩斯特·施特劳斯（Ernst Gabor Straus，1922—1983）于 1948 年共同提出。内容为：对于任何一个大于 1 的整数 n，都有 $\frac{4}{n}=\frac{1}{x}+\frac{1}{y}+\frac{1}{z}$，其

中 x、y、z 为正整数。这个猜想属于丢番图方程（Diophantine equation），又称为不定方程，当然这是后话了。

显而易见的是，这种单分子分数使用起来十分不方便，但在古埃及曾被长期使用。这种设计可能是为了分配生活物资使用，有非常强烈的目的性。这是早期数学的共性，数学研究并不是一门学科，而是为了解决生活中遇到的问题。

《莱因德纸草书》中还提供了一个非常粗略的圆周率，书中提到，假设圆的直径是 9，那么其面积等于边长是 8 的正方形。按照这个说法去计算，我们知道在古埃及的数学中，圆周率约为 $\left(\dfrac{8 \times 2}{9}\right)^2 \approx 3.16$，虽然现在来看有些误差，但是在当时来看也算是较为精准的。假如去看埃及人的纸草书，会发现与面积相关的内容极多，这是因为当时的埃及是农业国家，需要大量计算农田面积。

《莱因德纸草书》并不是已发现的那个年代的唯一数学著作，还有一份名为《莫斯科数学纸草书》（*Moscow Mathematical Papyrus*）的著作，也被称为《戈列尼谢夫数学纸草书》，它是以首个持有者弗拉基米尔·戈列尼谢夫（Vladimir Golenishchev）命名，现藏于俄罗斯莫斯科普希金造型艺术博物馆。从时间上判断，《莫斯科数学纸草书》很可能比《莱因德纸草书》的时间更早。

《莫斯科数学纸草书》中共有 25 道数学题。其中问题 19 被称为"啊哈问题"，这是一道难度不大的线性方程，但是抄写员使用了一种被称为"试位法"的另类解法。题目为：一个数字加上它的 $\frac{1}{2}$，再加上 4，等于 10，求这个数字是多少。写作方程为

$$x+\frac{1}{2}x+4=10$$

抄写员提供解法的第一步是先把两边都减去 4，剩下

$$x+\frac{1}{2}x=6$$

抄写员注意到了 $\frac{1}{2}$，所以假设 $x=2$，然后只代入到方程左边，得到

$$2+\frac{1}{2}\times2=3$$

然后抄写员观察到，原方程右边的 6 是 3 的 2 倍，所以 x 的结果应该就是 $2\times2=4$。这一解法虽然十分笨拙，但也确实解答了问题。

类似这种笨拙但有效的方法在古埃及还有很多，如古埃及人没有乘法，只有加减法，那么需要乘法的时候，就使用了一种加倍的方法。比如，要计算 35×9，那么会先把 35 加倍为 70，再加倍为 140，再加倍为 280。280 是 35 的 8 倍，还差一点怎么办？那么就再加上一个 35，结果就是 315。反过来，除法则是让除数加倍，起到一样的效果。古埃及人用这个奇怪的方法，做出了很多难度极高的数学题，也算是熟能生巧。

考古学家还曾发现过其他记载数学内容的纸草书，虽然没有上述两份纸草书内容丰富，但也记录了一些有趣的内容。比如，有的纸草书就给出

了一个求四边形的面积公式 $S = \dfrac{(a+b)(c+d)}{4}$。当然，我们现在只要有小学数学知识，就会发现这个公式仅仅可以在长方形上使用。有类似灵光一闪的内容的纸草书比比皆是。

但有一个问题一直备受争议，这些数学著作，到底是用来做什么的呢？

现代研究一般认为，这是一种查找用的参考手册，上面记载了大量的乘法题目和一些生活中经常遇到的数学问题，记录下来，便于人们在日后的工作中再遇到相似的问题时进行查阅。另一些人认为，这两本书可能是培训年轻抄写员的教材，也可能是用于培养下一代。

无论如何，通过这些内容，我们足可确定古埃及存在着一定水平的数学应用。我们再去看看同时期的另外一个区域——古巴比伦。

交叉小径的花园

趣说数学探索史

别册

海豚出版社
DOLPHIN BOOKS
中国国际传播集团

001 泰勒斯
Thales of Miletus
约公元前 624—公元前 547/546

古希腊著名的数学家、天文学家和哲学家，是米利都（Miletus）城的重要人物之一。

泰勒斯是古希腊"七贤"之一，也是西方数学的奠基人之一。泰勒斯在几何学方面做出了杰出贡献，被认为是第一位用几何学方法解决问题的人。他在计算三角形面积、相似形，总结圆的性质等方面有很高的成就，并提出了很多重要的几何定理，如"相交弦定理"和"相似三角形定理"等。

泰勒斯也是古希腊哲学和科学的奠基人之一。

002 阿那克萨哥拉
Anaxagoras of Clazomenae
约公元前 500—公元前 428

古希腊天文学家、数学家。他最早提出了无穷大和无穷小的概念，认为任何一件东西都可以被无限分割，所分割的部分也总是大于零。

003 柏拉图
Plato
公元前 427—公元前 347

古希腊著名哲学家、数学家、政治家和作家。柏拉图的思想对整个西方文化产生了巨大的影响，被誉为西方文化的奠基人之一。

在数学方面，柏拉图的成就在于把数学纳入了哲学的范畴。柏拉图相信数学是一种抽象的思考方式，是追求真理和智慧的必要手段，主张数学是存在于理性和智慧之中的，是一种超越感性世界的真理。柏拉图的学派强调数学中的形式化和抽象化，他的思想对后来的数学家有着深远的影响。

柏拉图的思想不仅仅在数学领域，他的政治哲学和道德观念也对后来的哲学和政治学产生了深远的影响。

004 毕达哥拉斯
Pythagoras
约公元前 580—约公元前 500/490

古希腊著名的数学家、哲学家和音乐家，古希腊数学史上的重要人物之一。

毕达哥拉斯的主要成就在于他提出的著名的"毕达哥拉斯定理"，即在直角三角形中，直角边的平方和等于斜边的平方。这一定理在几何学中被广泛应用，被认为是最古老的数学定理之一，对后来的数学发展产生了深远的影响。

除了数学方面，毕达哥拉斯在哲学、音乐和宗教方面也有着杰出的贡献。他的哲学观点强调数学和几何学的重要性，认为宇宙的本质可以通过数学和几何学来理解和描述。

毕达哥拉斯也是一位著名的宗教领袖，他的宗教信仰强调数学和几何学与宇宙之间的联系，认为宇宙是一个有序而和谐的整体。

005 芝诺
Zeno
约公元前 490—公元前 425

古希腊著名的数学家和哲学家，他的主要成就集中在逻辑学和数学方面。

芝诺的逻辑学成就主要在于他提出的著名的"芝诺悖论"，这个悖论的核心思想是无限分割，即任何线段或时间都可以分割成无数个无限小的部分，导致无法完成某些任务，如在短时间内到达指定点或者移动物体从一个点到另一个点。在数学方面，芝诺的主要贡献在于他对数学的重要性进行了强调，并且认为数学是理解世界和现象的一种基本方法。

006	**希波克拉底** **Hippocrates**
	公元前 460—公元前 370

古希腊数学家和科学家，被认为是现代几何学的奠基人之一。希波克拉底在几何学中做出了重要的贡献，他发现并研究了诸如同位角、相似比和连通比等概念。他还提出了一个著名的公式，被称为"希波克拉底定理"，该定理描述了一个三角形的内切圆半径与三角形的周长和面积之间的关系。

007	**安提丰** **Antiphon**
	公元前 426—公元前 373

古希腊著名的数学家和哲学家。

安提丰在数学方面的主要贡献在于提出了因式分解二次多项式，这成为后来数学中二次方程的求解方法之一。此外，安提丰在哲学方面的成就也不容忽视，他是古希腊众多哲学流派中的一员，有自己的哲学观点。他认为每件事都有因果。

安提丰的思想在后来的哲学和科学中得到了广泛的应用。

008	**欧多克索斯** **Eudoxus of Cnidus**
	公元前 408—公元前 355

古希腊天文学家和数学家，柏拉图的学生。

欧多克索斯提出了比例的概念。欧几里得的《几何原本》中转述过欧多克索斯对比例的阐述。

009	**亚里士多德** **Aristotle**
	公元前 384—公元前 322

古希腊最伟大的哲学家之一。他不仅对哲学有重大贡献，同时也是一位杰出的数学家。

亚里士多德在逻辑学、伦理学、政治学等领域均做出了重大贡献。在数学方面，亚里士多德的贡献主要在于他发展了毕达哥拉斯学派的理论。他把数学和物理学联系起来，提出了许多自己的数学概念和方法，如连续性和无限小的概念。他认为数学是一种抽象的推理方式，可以用于研究自然现象。亚里士多德凭借对数学的研究，成为后世数学、哲学、科学研究的重要先驱。

在中世纪时期，亚里士多德的思想被广泛传播，对欧洲的教育和文化产生了巨大的影响。亚里士多德也被认为是现代西方哲学和科学的奠基人之一。

010 欧几里得
Euclid
约公元前 330—公元前 275

古希腊最著名的数学家之一，被称为"几何学之父"。

他创立了几何学的公理化体系，其著作《几何原本》是古代几何学的代表作品，也是古代数学最著名的著作之一。《几何原本》阐述了几何学中的基本概念、定理和推论，包括平面几何、立体几何、数论、代数等方面。欧几里得通过公理化的方法推导出了大量定理，为后来的几何学和数学研究奠定了坚实的基础。欧几里得的贡献和成就对后来的数学、科学和哲学影响深远，他的公理化方法成为数学研究的重要范式，被广泛应用于各个领域。

《几何原本》被翻译成多种语言，并在欧洲文化中占据着重要的地位，直到现在仍被广泛阅读和研究。

011 阿基米德
Archimedes
公元前 287—公元前 212

古希腊哲学家、科学家。

阿基米德的父亲曾把他送往埃及的亚历山大城，跟随欧几里得的学生埃拉托塞和卡农学习，这些经历对其后来的科学生涯产生了重要的影响。阿基米德在数学、物理学等方面贡献众多。在数学上，阿基米德的《方法论》已经非常接近现代微积分，其中已经有对数学上"无穷"的超前研究，贯穿全篇的则是如何将数学模型进行物理上的应用。阿基米德将欧几里得提出的趋近观念做了有效的运用。他利用"逼近法"

算出了球面积、球体积、抛物线、椭圆面积。阿基米德还利用割圆法求得圆周率的值介于 3.14163 和 3.14286 之间。阿基米德研究出了螺旋形曲线的性质，现今的"阿基米德螺旋线"曲线，就是因为纪念他而命名。他还创造了一套记大数的方法，简化了记数的方式。

公元前 212 年，古罗马军队攻入叙拉古，阿基米德不幸被罗马军队杀死。据说，阿基米德的遗体被安葬在西西里岛，墓碑上刻着一个圆柱内球的图形，以此来纪念他在几何学上对人类做出的卓越贡献。

012　埃拉托斯特尼
Eratosthenes
约公元前 276—约公元前 194

古希腊学者、天文学家、地理学家和数学家。他被誉为古希腊世界的多面手，其贡献涉及多个学科领域，尤以地理测量和数学方面的成就最为著名。

作为一位地理学家，埃拉托斯特尼对地球大小的测量是其最为著名的成就之一。他通过观测地球表面日晷的长度差异，计算出了赤道和北极之间的距离，准确度令人惊叹。

作为一位数学家，埃拉托斯特尼对素数有深入的研究，提出了一种著名的筛法，用于找出一定范围内的素数。

此外，埃拉托斯特尼还是一位杰出的文学家和教育家，他担任了亚历山大图书馆的馆长，对图书馆的管理和发展做出了重要的贡献。

013 阿波罗尼奥斯
Apollonius of Perga
约公元前 262—公元前 190

古希腊数学家，被誉为"圆锥曲线之父"，其主要成就是研究圆锥曲线和椭圆曲线的特性。他的著作《圆锥曲线论》是古代几何学中的经典之作，对后来的数学和物理学发展产生了深远的影响。阿波罗尼奥斯对圆锥曲线的研究是其最为著名的成就之一。他发现了椭圆、抛物线和双曲线的特性，并建立了这些曲线的数学模型。

014 阿利斯塔克
Aristarkhos
公元前 215—公元前 143

古希腊天文学家和数学家。

阿利斯塔克被认为是天文学史上最伟大的天文学家之一，后世将其誉为古希腊的哥白尼。他最著名的成就是提出了日心说，认为太阳是宇宙的中心，其他行星围绕着太阳运行，这个理论后来被哥白尼和伽利略进一步发展和完善。

015 海伦
Hero of Alexandria
生卒年不详，约生活在 1 世纪

又被译作"希罗"，是古希腊的一位数学家、物理学家。他在机械学、气体力学和光学等领域做出了杰出的贡献。他的许多发明和研究成果在当时引起了轰动，对后来的科学和技术发展产生了重要的影响。

016 托勒密
Claudius Ptolemaeus

约 100—168

古希腊天文学家、地理学家和数学家。

《天文学大成》是托勒密最著名的作品之一，也是古代天文学的重要典籍之一。这本书详细介绍了古代天文学的理论和观测技术，并提出了一种复杂的天文模型，称为托勒密体系，认为地球是宇宙的中心，行星和太阳围绕着地球运转。

在数学方面，托勒密在三角学、几何学和代数学等领域做出了重要贡献。他发明了用于计算正弦和余弦的表格，并对球体的几何形状和测量方法进行了系统的研究。他还发展了代数学中的求根方法，如一次方程和二次方程的求解方法，这些方法一直被应用在近代数学中。

017 张衡

78—139

中国东汉时期杰出的天文学家、数学家、发明家、地理学家、文学家。

张衡在天文学方面著有《灵宪》《浑仪图注》等；数学著作有《算罔论》；文学作品以《二京赋》《归田赋》等为代表，与司马相如、扬雄、班固并称"汉赋四大家"。

张衡为中国天文学、机械技术、地震学的发展做出了杰出的贡献，发明了地动仪，改进了浑天仪，是东汉中期浑天说的代表人物之一。

在数学方面，张衡计算过圆周率，认为立方体及其内接球体积之比是 8：5，由此推论圆周率约为 10 的平方根。

018	**刘徽**
	约 225—约 295

　　中国魏晋时期的著名数学家、天文学家和机械学家，中国数学史上最杰出的数学家之一。他是《九章算术》的重要编者之一，也是中国数学史上最早提出"解析几何"概念的人物之一。他通过精确的计算，改进了古代天文观测方法，并在《九章算术》中提出了一些数学定理和方法。

019	**丢番图** **Diophantus**
	约 246—330

　　古希腊著名数学家，是古希腊数学分析的创始人之一。

　　丢番图的主要研究领域是数论，尤其是关于完全数和素数的研究。他最著名的成果是"丢番图定理"，该定理是数论中的一个重要定理，描述了奇完全数和偶完全数的特殊性质。他也对素数研究做出了许多贡献，研究出了一些素数的规律和性质。

　　丢番图的研究成果对后来的数学发展产生了深远的影响，成为数学史上重要的里程碑之一。

020	**希帕提娅** **Hypatia**
	约 370—415

　　古罗马时期的数学家、哲学家和天文学家。其父亲是亚历山大城

的数学家，是她的数学、哲学和科学导师。

希帕提娅是数学发展史上重要的人物之一，她的主要研究领域包括数论和几何学等方面。她曾对丢番图的《算术》、阿波罗尼奥斯的《圆锥曲线论》以及托勒密的作品做过评注。在天文学方面她发明了天体观测仪以及比重计，最终她因不肯放弃原有的信仰而被迫害致死。

021	**祖冲之**
	429—500

中国南北朝时期杰出的数学家、天文学家。

祖冲之一生钻研自然科学，其主要贡献在数学、天文历法和机械制造三个方面。他在刘徽开创的探索圆周率的精确方法的基础上，首次将圆周率精算到小数点后七位，即在 3.1415926 和 3.1415927 之间，总共 8 位有效数字。直到 15 世纪，阿拉伯数学家阿尔·卡西才打破了这一纪录。此外，祖冲之还提供了相对粗糙却容易计算的约率和精确度更高的密率。

022	**阿耶波多** **Aryabhata**
	476—550

印度数学家、天文学家和数学物理学家，被认为是印度数学史上最重要的人物之一。他的著作包含了对数学、天文学、地理学和时间测量等方面的研究成果，对印度乃至世界的数学和天文学的发展产生了重要影响。他在其著作《阿里亚哈塔历书》中计算出了圆周率，与刘徽在 263 年求得的圆周率数值完全一致。

023 甄鸾

535—?

中国北周时期数学家。

他所撰的《五曹算经》《五经算术》和《数术记遗》，今有传本。《五曹算经》是一部为地方官员撰写的应用数学书，内容浅近。《五经算术》对于《尚书》《诗经》《周易》《周官》《礼记》《论语》等经籍中涉及数学、天文历法的内容做了注释。他也对《九章算术》做了注释，今已失传。

024 婆罗摩笈多
Brahmagupta

约598—约668

印度数学家、天文学家。

他在数学领域最重要的发现是第一次把零纳入了计算体系。

婆罗摩笈多的负数概念及其加减法法则，仅晚于中国（约公元1世纪成书的中国《九章算术》最早提出负数及其加减法运算的概念）而早于世界其他各国数学界；而他的负数乘除法法则，在全世界都是领先的。

025 李淳风

602—670

中国唐代著名天文学家、数学家，精通天文、历法、数学等。

李淳风是世界上第一个给风定级的人。他的名著《乙巳占》，是世界气象史上最早的专著。

李淳风在数学方面的主要贡献，是编定和注释著名的十部算经(《周髀算经》《九章算术》《海岛算经》《孙子算经》《夏侯阳算经》《张丘建算经》《缀术》《五曹算经》《五经算术》《缉古算术》这十部数学著作)。这十部算经后被用作唐代国子监算学馆的数学教材。

026	**阿纳尼亚·希拉卡齐** **Ananias of Shirak**
	610 —685

亚美尼亚学者和天文学家。他在天文学、数学和物理学上都有造诣，并发明了一些仪器，如测量仪器和日晷。阿纳尼亚·希拉卡齐对天文学和数学领域的贡献为后人的研究和发展奠定了重要的基础。

027	**阿尔昆** **Alcuin or Albinus**
	约 736—804

英国学者。

阿尔昆是一位僧侣，曾被法兰克王国的查理大帝请到宫廷中，委以帝国的教育改组事宜。他劝导查理大帝在宫廷中设置学校，后世普遍认为这就是巴黎大学的前身。他亲自编写数学课本，在学校里授课。他写的许多初等数学教科书在中世纪广泛流传。

028　花喇子密
Al-Khwarizmi

约 780—约 850

波斯数学家、天文学家、地理学家，被称为"代数之父"，是伊斯兰黄金时代最杰出的学者之一。

花喇子密的主要成就是在代数学领域。他的著作对代数学的发展有着深远的影响。他还引入了阿拉伯数字系统和十进制计数法，这些都是现代数学中非常重要的概念。

029　贾宪

约生活在 11 世纪前半期

中国北宋时期数学家。

贾宪曾撰《黄帝九章算法细草》（九卷）和《算法古集》（二卷），都已失传，但他对数学研究的重要贡献被南宋数学家杨辉引用，得以保存下来。贾宪的主要贡献是创造了"贾宪三角"和"增乘开方法"。增乘开方法即求高次幂的正根法。目前中学数学中的综合除法，其原理和程序都与它相仿。增乘开方法的计算程序大致和欧洲数学家霍纳的方法相同，但比霍纳早 770 年。

030　婆什迦罗
Bhāskara

1114—1185

印度数学家、天文学家。

婆什迦罗著有《历算书》，书中全面系统地介绍了算术、代数和几何知识，反映了印度 12 世纪的记数法，记载了有关自然数、分数和负数的八种基本运算，收集了有关利息、商品交换、合金成分、土方、仓库容积、水利建设等各种与社会、经济活动有关的数学问题，记述了有关代数、几何、三角方面的一些研究成果。

031	**斐波那契** **Leonardo Fibonacci**
	1175—1250

意大利数学家。

斐波那契最著名的成就是他所发现的一组数字序列，即"斐波那契数列"，这个数列的前两项为 0 和 1，后续每一项都是前两项之和。斐波那契数列在自然界和人类社会中有着广泛的应用，如在植物生长、蜂巢结构、音乐和金融分析等领域。

斐波那契还对传入欧洲的印度数学和算学知识进行了整理和传播。他的著作将阿拉伯数字和运算法则介绍给了欧洲人，对于欧洲数学的发展产生了重要影响。

032	**李冶**
	1192—1279

中国金元时期数学家、文学家、诗人，与杨辉、秦九韶、朱世杰并称为"宋元数学四大家"。

李冶在数学上的主要贡献是天元术（设未知数并列方程的方法），用于研究直角三角形内切圆和旁切圆的性质。他在其著作《测圆海镜》

中已经用符号"〇"表示一个空位，达到了类似于零的效果。

033　秦九韶

1208—1268

中国南宋时期著名数学家，与李冶、杨辉、朱世杰并称为"宋元数学四大家"。

秦九韶精研星象、音律、算术、诗词、弓、剑、营造之学，于1247年完成著作《数书九章》，其中的大衍求一术（一次同余方程组问题的解法，也就是现在所称的中国剩余定理）、三斜求积术和秦九韶算法（高次方程正根的数值求法）是有世界意义的重要贡献，表述了一种求解一元高次多项式方程数值解的算法——正负开方术。

034　杨辉

约1238—约1298

中国南宋时期著名数学家、天文学家和历史学家，与李冶、秦九韶、朱世杰并称为"宋元数学四大家"。

杨辉是中国数学史上著名的数学家之一，在代数学和数论等领域做出了重要贡献，以《详解九章算法》而著名。

他发明了杨辉三角，这是一种数字三角形，可以用于解决组合数学和概率论问题，被广泛应用于数学、计算机科学、统计学等领域。他还提出了求解高次方程的方法，且进一步发展了二项式定理，对代数学的发展做出了重要贡献。

035　阿尔·卡西

？—约 1429

古代阿拉伯帝国数学家。

卡西在其数学专著《圆周论》中详细地介绍了计算圆周率（π）的方法。他通过自己的方式计算出来的圆周率的值为 3.14159265358979325，有 18 位准确数字。后来一直到 1596 年，才由德国数学家鲁道夫·范·柯伊伦将数值精确到小数点后 20 位。

036　卢卡·帕丘利
Luca Pacioli

1445—1514

意大利数学家、会计师，被认为是现代会计学的奠基人之一。他的书《算术、几何、比例总论》中介绍了双重会计系统。该书中详细介绍了商业会计的实际运用，是现代会计理论的基础。他还在书中介绍了很多数学知识，如乘法、除法、平方根等，并对欧几里得几何学做出了重要的贡献。

037　吴敬

约生活在 15 世纪

中国明代数学家，著有《九章算法比类大全》，该书对程大位《算法统宗》以及明中叶以后的数学产生了重大影响，基本代表了明初百年间数学发展的大致水平。他在中国算术的普及和广泛应用于生产、生活实践方面做了重要工作。

038	**尼古拉·许凯** **Nicolab Chuquet**
	1445/1455—1488/1500

法国数学家。

许凯著有《算术三篇》，提供了许多有价值的内容，他在欧洲第一次介绍了阿拉伯数字和零。书中也讲解了大量与代数有关的内容，并且首次使用简单易读的 p（plus）和 m（minus）分别作为加减法的符号。

039	**约翰内斯·魏德曼** **J.Widman**
	1460—?

德国数学家。在其著作《商业算术》中第一次使用了人们如今熟悉的加号（+）和减号（-）。

040	**希皮奥内·费罗** *Scipione del Ferro*
	1465—1526

意大利数学家。

费罗毕业于博洛尼亚大学，从 1496 年开始直到他去世，费罗都在博洛尼亚大学教授代数学和几何学。费罗第一个发现了一元三次方程的解法，还将分母从两个平方根之和扩展到了三个三次方根之和。

041　尼古拉·哥白尼
Nicolaus Copernicus
1473—1543

波兰天文学家和数学家，被誉为近代天文学的开创者之一。

哥白尼最著名的成就是提出了日心说，即认为太阳是宇宙中心，行星绕着太阳公转，而不是地球。这个理论打破了古代的天文学模型，也对科学方法的发展和现代科学的兴起产生了巨大影响。

其代表作是《天体运行论》。在这本书中，哥白尼提出了日心说的理论，并提供了大量的观测数据和数学证明。尽管这本书在当时并没有立刻被广泛接受，但它成为后来科学革命的标志性著作，对后面天文学和物理学的发展产生了深远的影响。

042　尼科洛·塔尔塔利亚
Niccolò Tartaglia
约 1500—1557

意大利数学家，"塔尔塔利亚"为其绰号，意为"口吃的人"，因为他在童年时遭受意外而口吃。尽管他没有接受正式的大学教育，但他通过自学成了一位著名的数学家和物理学家。塔尔塔利亚最著名的成就是提出了三次方程的一般解法。

043　吉罗拉莫·卡尔达诺
Gerolamo Cardano
1501—1576

意大利数学家、占星家和作家。他是文艺复兴时期最重要的科学家之一，对代数学和概率论的发展做出了重要贡献。

卡尔达诺在数学上的贡献包括：创立代数学和方程论的基本理论，发明用于求解三次和四次方程的方法，以及阐述概率论的基本概念。此外，他还对几何学和力学发展做出了一些贡献。

044	**雷科德** **Robert Recorde**
	约 1510—1558

英国数学家、数学教育家。

他主张用通俗易懂的本国语言编写数学书，并努力寻找确切的英语词汇代替晦涩的拉丁文与希腊文的术语。雷科德出版了四部教材：《艺术基础》《知识之途》《知识城堡》和《砺智石》，分别为算术、几何、天文和代数学科的教材，其中《砺智石》是英国历史上第一部代数学教材。雷科德在其中首次使用了等号（＝）和正（＋）负（－）号。

045	***卢多维科·费拉里*** *Ludovico Ferrari*
	1522—1565

意大利数学家，卡尔达诺的学生。他的成就主要是首次求出四次方程的代数解，这些都发表在署名卡尔达诺著的《大术》一书中。这个发表引起了他和致力于三次方程解法的塔尔塔利亚的长期争执。

046 程大位

1533—1606

中国明代数学家。

程大位早年经商，后弃商回乡，认真钻研古籍，于明万历壬辰年（1592）写就巨著《算法统宗》（十七卷）和附录《算法源流》，记录了宋代元丰、绍兴、淳熙以来所刊刻的各种算书。其后六年，又对该书删繁就简，写成《算法纂要》（四卷），成为后世民间算家最基本的读本。

《算法统综》详述了传统的珠算规则，确立了算盘用法，完善了珠算口诀，搜集了古代流传的 595 道数学难题并记载了解决方法，堪称中国 16 世纪至 17 世纪数学领域集大成的著作。

这两部巨著是我国古代最完善的珠算经典之作，开创了珠算计数的新纪元。

047 克里斯托弗·克拉维乌斯
Christopher Clavius

1537—1612

意大利耶稣会神父和数学家。

他是公历改革的主要推动者之一，为格里历的修订计算出了精确数据，该历法被广泛接受并在全球使用至今。他发明了分角仪和大地测量用的象限仪。此外，他也是哥白尼学说的主要反对者之一。

048	**弗朗索瓦 · 韦达** **François V**
	1540—1603

法国数学家。

他被认为是代数学科的奠基人之一，主要贡献是他的符号代数学。他引入了字母来代表数值，从而使代数表达式更加简洁和一般化。

049	**第谷 · 布拉赫** **Tycho Brahe**
	1546—1601

丹麦天文学家，被誉为现代天文学的奠基者之一。他以精准的天文观测和测量而闻名，特别是对彗星和新星的研究。他建立了一座天文台，并发明了精密的仪器来观测星体。他的观测结果和数据成为约翰·开普勒研究行星运动规律的重要基础，促进了日心说理论的发展。

布拉赫的贡献不仅在于他的观测和测量，还在于他的科学方法论，他强调了观测、实验和精确测量的重要性，对科学方法的发展产生了深远影响。

050	**乔尔达诺 · 布鲁诺** **Giordano Bruno**
	1548—1600

文艺复兴时期意大利哲学家、神秘主义者和天文学家。他以对天文学和哲学的思考而闻名，被认为是文艺复兴时期最具争议和引人注目的思想家之一。其哲学和天文学思想对后来的科学和思想产生了深远影响，被视为现代天文学和哲学的先驱之一。

布鲁诺使用了哥白尼的《天体运行论》作为证据，质疑"地心说"，让"日心说"进入大众视野。其思想在当时被视为极端，因此被指控为异端，并被判处火刑。

051	**约翰·纳皮尔**
	John Napier
	1550—1617

苏格兰数学家、物理学家和神学家，被称为"对数之父"。

他最著名的成就是发明了对数，这个发明对科学和工程领域的进步产生了深远的影响。同时他对小数点的推广也颇有贡献。

052	**G.A. 马吉尼**
	Giovanni Antonio Magini
	1555—1617

意大利天文学家、数学家、地理学家和哲学家。

他的主要研究领域是天文学和地理学。他是意大利最早的耶稣会科学家之一，也是众多天文学家和数学家的老师。G.A. 马吉尼是地心说的支持者。

马吉尼在其 1592 年出版的《三角图》中描述了象限在测量和天文学中的应用。1606 年，他设计了极其精确的三角表。他还研究了球体的几何形状，并为此发明了计算设备。

053 托马斯·哈里奥特
Thomas Harriot
1560—1621

英国数学家、天文学家、探险家和自然哲学家。

哈里奥特在数学和天文学领域有着杰出的成就。他是第一个使用望远镜观测天体的英国人之一，并独立于伽利略之前发现了木星的四颗最大的卫星。他还对光学和光的传播进行了研究，并在此领域取得了重要的进展。

然而，哈里奥特的成就在其生前并没有得到应有的认可和重视。他的许多工作都是在私下完成的，未经出版或广泛传播。直到20世纪后期，人们才开始重新认识并评价哈里奥特的贡献。

054 伽利略·伽利莱
Galileo Galilei
1564—1642

意大利文艺复兴时期的杰出学者、物理学家和天文学家，被誉为"现代科学之父"。

伽利略在天文学和物理学领域的贡献极为突出。他使用望远镜首次观测到了许多重要的现象，如木星的卫星、月球表面的山脉和坑洞、太阳黑子等，证明了哥白尼的日心说，并支持开普勒的行星运动规律。他提出了惯性定律和落体定律，并进行了大量实验研究，为现代物理学的建立奠定了基础。

伽利略的贡献还在于他对科学方法的推动以及强调实验。他坚信通过实验和观察，科学才能得出正确的结论，而不是依据传统和权威的观点。这种科学方法在当时受到了反对和批评，但后来成为现代科学的核心思想。

---

055 开普勒
Johannes Kepler

1572—1630

德国天文学家、数学家、物理学家和哲学家，被认为是现代天文学和物理学的奠基人之一，主要贡献在于探索行星运动规律和光学原理。

开普勒提出了著名的开普勒定律，描述了行星绕太阳运动的规律。他还提出了"等面积定律"，即行星在其轨道上的运动速度是均匀的，从而揭示了行星运动的基本原理。此外，他还研究了光的传播、反射和折射，并发现了光线通过透镜时的成像规律。

开普勒在宗教改革时期生活和工作，曾多次遭受迫害，但他依然坚持自己的信仰和科学研究。他的研究成果对牛顿的万有引力定律和爱因斯坦的相对论等后续物理学理论的发展具有重要影响。

---

056 威廉·奥特雷德
William Oughtred

1575—1660

英国数学家，主要贡献是发明了一种重要的计算器，称为"奥特雷德尺"或"乘法尺"。奥特雷德还研究了三角学、代数学、双曲函数、球面三角学、日晷制造和天文学等方面的问题，并在这些领域取得了一些成就。

他是第一位发表关于双曲函数著作的欧洲数学家之一，并对三角学中的"半角公式"进行了研究。

057 马兰·梅森
Marin Mersenne

1588—1648

法国著名数学家。

梅森是一位神职人员，却是科学的热心拥护者和守望者，在教会中为了保卫科学事业做了很多有益的工作。梅森有很高的科学素养，其研究涉及声学、光学、力学、航海学和数学等多个学科，并有"声学之父"的美称。他最早系统而深入地研究 2^P-1 型的数，数学界为了纪念他，就把这种数称为梅森数，并以 Mp 记之，即 $Mp=2^P-1$。如果梅森数为素数，则称之为梅森素数。

梅森素数在当代具有重大意义和实用价值。它是发现已知最大素数最有效的途径。

058 吉拉德·笛沙格
Girard Desargues

1591—1661

法国数学家，奠定了射影几何的基础。以他命名的事物有笛沙格定理、笛沙格图、笛沙格平面。

笛沙格的数学著作早在 1639 年就已问世，其中已有对笛沙格定理的描述，并已有了射影几何的雏形，但他的发现不仅没有引起较大关注，反而引起了当时数学界人士和宗教人士的一些不满。作为一名巧匠，他将他的投影透视技术教授给了一些人。他的定理在他去世后一个多世纪才被重新发现和重视。

059 勒内·笛卡尔
René Descartes
1596—1650

法国哲学家、数学家，被认为是现代哲学和现代数学的创始人之一。

笛卡尔生于法国图尔，逝世于瑞典斯德哥尔摩。笛卡尔在数学领域的贡献非常重要，他是解析几何的创始人，提出了笛卡尔坐标系，并将几何问题转化为代数问题，从而使得解析几何成为一门独立的数学学科。他的代数符号法被认为是代数学的开端。

在哲学领域，笛卡尔是启蒙运动的代表人物之一。他的著作《第一哲学沉思》被认为是现代哲学的基石之一。他通过怀疑论的方法来探讨知识的可靠性，提出了"我思故我在"的命题，认为只有通过思考才能证明自己的存在。

060 皮埃尔·德·费马
Pierre de Fermat
1601—1665

法国数学家、物理学家，以费马大定理而著名——一个关于整数的基本问题，这也是数学中最有名的问题之一。

费马对数论、解析几何、概率论和微积分做出了重要贡献。

061 约翰·沃利斯
John Wallis

1616—1703

英国数学家，对现代微积分的发展有很大贡献。

沃利斯奠定了幂的表示法，并将指数的定义从正整数扩充至有理数。他还找到了 x_m 的积分，即曲线 $y=x_m$ 下的面积。他证明了这个面积是等高等底的平行四边形的面积的 $1/(m+1)$。他并且将 ∞ 作为无限大的符号。

其著作有《圆锥曲线论》《无穷算术》《代数学》。

062 布莱士·帕斯卡
Blaise Pascal

1623—1662

法国数学家、物理学家、哲学家和神学家，被认为是 17 世纪法国最重要的科学家之一，对数学和物理学的发展做出了杰出的贡献。

在数学方面，帕斯卡最著名的贡献是他对概率理论的研究，以及发明的帕斯卡三角形，这是一种有趣的数字形式，可用于计算二项式系数和二次方程的根。此外，他还对圆锥曲线和椭圆曲线进行了研究，对微积分的发展也做出了一定的贡献。

除数学外，帕斯卡还在气体物理学上有所成就。他发现了压强随高度而变化的规律，并研究了液体的压力。他还发明了帕斯卡定律，即在一个封闭的容器中，任何一个点所受的压力都会传递到容器的所有其他点。

063 惠更斯
Christiaan Huygens
1629—1695

荷兰天文学家、数学家、物理学家。

在数学方面，惠更斯对悬链线（他发现了悬链线与摆线和抛物线的区别）、曳物线、对数螺线等都进行过研究，还在概率论和微积分方面有所成就，是概率论的创始人之一。

在光学方面，他提出了光的波动说，建立了著名的惠更斯原理。

惠更斯最集中的成就在天文学领域。他借助自己设计的非常精巧的光学和天文学仪器，发现了猎户座大星云和土星光环。

在物理学上，他和胡克共同测定了温度表的固定点，即冰点和沸点，此外还提出了钟摆摆动周期的公式。

064 罗伯特·胡克
Robert Hooke
1635—1703

英国物理学家、数学家、天文学家、化学家、生物学家、哲学家和发明家。

胡克最出名的成就之一是提出了弹性力学的概念。他在17世纪60年代发现了弹性力学的"胡克定律"，描述了物体弹性形变的关系。胡克定律在许多领域都有应用，包括建筑工程、机械工程和航空工程。

除弹性力学外，胡克还对许多其他科学领域做出了贡献。他设计了天文仪器、显微镜和热计，发现了许多生物学和化学领域的重要知识，如细胞结构、生物体的氧气需求和燃烧过程中氧气消耗的关系。

065 爱德蒙·哈雷
Edmond Halley

1636—1742

英国天文学家、地理学家、数学家、物理学家，第二任格林尼治天文台台长。

哈雷曾强力劝说并资助牛顿发表《自然哲学的数学原理》，并把牛顿定律应用到彗星运动上，且正确预言了那颗现被称为哈雷的彗星做回归运动的事实。

066 艾萨克·牛顿
Isaac Newton

1643—1727

英国物理学家、数学家和天文学家，现代科学的奠基人之一，被广泛认为是自然科学史上最伟大的科学家之一。

牛顿在数学和物理学领域的贡献包括：发明微积分学，建立经典力学，提出万有引力定律，并研究光学。他发现了白光是由多种颜色的光组成的，并且使用一组棱镜将白光分解成其组成颜色。他还研究了光的折射和反射，并制作了反射望远镜和折射望远镜来观察天体。

牛顿的《自然哲学的数学原理》被认为是科学史上最伟大的著作之一，对现代物理学和天文学有着深远的影响。在这本著作中，牛顿提出了万有引力定律，并使用该定律来解释行星轨道和天体运动的规律。他还发明了经典力学的三大定律，并证明了万有引力定律与开普勒行星运动规律的一致性。

067　莱布尼茨
Gottfried Wilhelm Leibniz
1646—1746

德国哲学家、数学家、物理学家和逻辑学家，西方现代数学和哲学的创始人之一。

莱布尼茨与牛顿同时独立地发明了微积分。他提出了一种被称为"莱布尼茨主义"的哲学学说，认为这个世界是由许多小的单元组成的，并且每个单元都包含了整个世界的影响。他的一些理论在当今的计算机科学和人工智能领域仍然有着广泛的应用。

莱布尼茨还是一位研究广泛的学者，研究领域包括政治学、经济学、历史学、神学等。

068　雅各布·伯努利
Jakob I.Bernoulli
1654—1705

瑞士数学家、物理学家和天文学家。

他是伯努利家族的一员。雅各布·伯努利在数学、物理学和天文学方面都有重要的贡献。他发展了微积分的基本理论，创立了微分方程的解法。

069　洛必达
Guillaume François Antoine, Marquis de l'Hôpital
1661—1704

法国数学家和天文学家。

洛必达在数学和物理学领域做出了许多重要的贡献。他发展了变分法和拉格朗日方程，并且系统地研究了力学、光学、天文学和数学分析等领域。

070	**约翰·伯努利** **Johann Bernoulli**
	1667—1748

瑞士数学家。

他是伯努利家族的一员，是雅各布·伯努利的弟弟。约翰·伯努利是18世纪早期最杰出的数学家之一，他对微积分、概率论和数论的研究都做出了很大的贡献。

071	**詹姆斯·朱林** **James Jurin**
	1684—1750

英国科学家、物理学家。

朱林因其在毛细管作用和天花疫苗接种流行病学方面的早期工作而被人们铭记。他是艾萨克·牛顿的坚定支持者，经常用他的讽刺天赋为牛顿辩护。

072	**泰勒** **Brook Taylor**
	1685—1731

英国数学家。其最著名的成就是泰勒级数，它可以将任何函数表示为无限级数的形式。

泰勒是英国皇家学会的成员，他的名字被用作许多数学和物理学术语的命名，如"泰勒公式"和"泰勒展开式"。他的工作对于发展现代数学和物理学都具有重要的意义。

073	**乔治·贝克莱** **George Berkeley**
	1685—1753

英裔爱尔兰哲学家，与约翰·洛克和大卫·休谟被认为是英国近代经验主义哲学家中的三大代表人物，因捍卫主观唯心主义而闻名。他提出过"存在就是被感知"。他和当时一些数学家及其他学者将初创时期微积分理论不够严密（无穷小量的理解和运用）的质疑称为"第二次数学危机"。

074	**克里斯蒂安·哥德巴赫** **Christian Goldbach**
	1690—1764

德国（普鲁士）数学家。

哥德巴赫是一位优秀的数学家，主要研究领域是数论和概率论。他最著名的成就是哥德巴赫猜想，该猜想认为每个大于 2 的偶数都可以表示为两个质数之和。尽管哥德巴赫本人从未成功证明过这个猜想，但这个猜想已成为数学家们长期研究的重要问题之一，至今仍未获得最终解答。

075	**皮埃尔·布格** **Pierre Bouguer**
	1698—1758

法国数学家、地球物理学家、大地测量学家、天文学家。

1729 年布格出版了《论光学分级法》，该篇论文讨论了光线通过一定范围大气层时所损失的能量，是已知最早讨论被称为比尔 – 朗伯定律的文献。他发现了太阳光的强度是月球的 300 倍，从而进行了历史上最早的几次测光实验。1749 年，布格在其总结秘鲁十年测量经验的著作《大地的图形》中提到在秘鲁高海拔地区测得的重力值小于理论计算值，发现了重力异常。

076	**丹尼尔·伯努利** **Daniel Bernoulli**
	1700—1782

瑞士数学家、物理学家和工程师。他也是伯努利家族的一员，为约翰·伯努利之子。

丹尼尔·伯努利的主要贡献是流体力学方面的研究，他的研究成果对气体动力学、飞行学、水力学、航空学等领域产生了深远影响。他提出了"伯努利原理"，即在无黏性流体中，当速度增加时，压力就会降低，这个原理是现代飞行学和水力学中的基本原理之一。他还发现了连续介质力学方程的基本原理，这些方程在气体动力学和流体力学中被广泛使用。

本杰明·罗宾斯
Benjamin Robins

1707—1751

英国工程师。他发展了牛顿力学，并发明了弹道摆。

罗宾斯在伦敦受到了数学进阶教育。在伦敦，他阅读了费马、惠更斯、巴罗、牛顿、泰勒等人的作品，于 1727 年给出了牛顿关于象限的一个结果的证明，发表在《皇家学会哲学汇刊》上，这一年他被选为皇家学会会员。他在 1728 年撰写了关于约翰·伯努利的运动定律和刚性碰撞的文章，驳斥了约翰·伯努利的弹性碰撞理论，由此获得了巨大的声誉。

后来，罗宾斯逐渐放弃数学研究，成为一名工程师。1747 年，罗宾斯获得了英国皇家学会的科普利奖章，以表彰他在发展弹道学新科学方面取得的成就。

欧拉
Leonhard Euler

1707—1783

瑞士数学家和物理学家，被认为是现代数学的创始人之一。

欧拉在数学、物理学、力学和光学等领域做出了许多重要的贡献。他提出了欧拉数、欧拉公式、欧拉角、欧拉 – 马斯刻罗尼公式等，这些概念和公式至今仍被广泛应用于现代数学和物理学。

欧拉非常多产，他的著作数量超过了 800 卷。在许多数学的分支中可经常见到以他名字命名的重要常数、公式和定理。他的贡献不仅在于他自己发明的数学方法和公式，还在于他对其他数学家和物理学家的启发和影响。此外，欧拉的研究工作还涉及建筑学、弹道学、航海学等领域。法国数学家拉普拉斯如此评价他："读读欧拉，他是所有人的老师。"

079	**达朗贝尔** **Jean Le Rond d'Alembert**
	1717—1783

法国著名物理学家、数学家、天文学家。一生研究了大量课题，完成了涉及多个科学领域的论文和专著。其很多研究成果记载于《宇宙体系的几个要点研究》中。

数学是达朗贝尔研究的主要领域，他是数学分析的主要开拓者和奠基人之一。达朗贝尔在数学领域的各个方面都有所建树，但他并没有严密和系统地进行深入的研究。但无论如何，达朗贝尔为推动数学的发展做出了重要的贡献，19世纪数学的迅速发展是建立在他们那一代科学家的研究基础之上的。

080	**威尔金斯** **John Wilkins**
	1728—1808

英国学者和神学家，也是英国皇家学会的创始成员之一。

威尔金斯广泛涉猎多个领域，包括语言学、数学、哲学、神学等，被认为是一位多才多艺的人才。他关注数学的哲学基础，认为数学应该有一种基于逻辑推理的基础。在哲学和神学领域，他致力于探讨自然神学和启示论，并且主张通过理性和观察来解释神学问题，而不是完全依赖《圣经》。

081 约瑟夫·路易·拉格朗日
Joseph-Louis Lagrange
1736—1813

意大利数学家，近代数学的奠基者之一。他在微积分、数论、力学、光学等领域都做出了杰出的贡献。

拉格朗日对微积分的贡献是广泛而深刻的。他发展了变分法，这个方法在物理学和工程学中得到了广泛应用。他还对椭圆函数和代数数的理论发展做出了重要贡献，并提出了一种用于解决非线性偏微分方程的新方法，即所谓的拉格朗日方法。在力学方面，拉格朗日是研究刚体力学的先驱之一。他发明了广泛应用于物理学和工程学的拉格朗日力学，并成功地将牛顿力学转化为一种更简单的形式。他也是研究天体力学的重要人物之一，他的研究成果直接导致土星和木星的轨道理论有了重大发展。

082 李潢
1746—1812

中国清代数学家，其研究成果有《九章算术细草图说》（十卷）、《海岛算经细草图说》（一卷）、《辑古算经考注》（二卷）等。

083 加斯帕·蒙日
Gaspard Monge
1746—1818

法国数学家和物理学家，被认为是现代几何学的创始人之一。

蒙日是法国科学院的创始成员之一，也是法国大革命的重要人物之一。他在政治上受到法国大革命的影响，并被选为国民会议的议员。他一生中还担任过许多其他职务，包括教授和政府官员。

蒙日发明了画法几何，完成了微分几何的完整理论。

084	**约翰·普莱费尔** **John Playfair**
	1748—1819

苏格兰科学家、数学家。

普莱费尔于 1802 年出版了《关于赫顿地球论的说明》。该书是詹姆斯·赫顿《地球论》一书的简写本，普莱费尔用通俗的语言阐述了赫顿的均变论，使这一思想为大众所知。

以其名字命名的普莱费尔公理则被用于替代欧几里得的平行公设，这条公理曾被许多数学家采用过，甚至出现在中国的课本里。

085	**皮埃尔－西蒙·拉普拉斯** **Pierre-Simon, marquis de Laplace**
	1749—1776

法国著名的数学家、物理学家和天文学家。

拉普拉斯提出了第一个科学的太阳系的形成与演化理论——星云说。他在数学和物理学方面也有重要贡献，是拉普拉斯变换和拉普拉斯方程的发现者。这些数学工具今天已经在数学、物理的各个分支领域得到了广泛的应用。

勒让德
Adrein-Marie Legendre

1752—1833

法国数学家。

勒让德建立了许多重要的定理，尤其是在数论和椭圆积分方面，提出了对素数定理和二次互反律的猜测。

他的著作《几何学原理》将几何理论算术化、代数化，详细讨论了平行公设问题，证明了 π 和 π^2 的无理性，该书在欧洲用作权威教科书长达一个世纪之久；《数论》论述了二次互反律及其应用，给出连分数理论及素数个数的经验公式等，使他成为解析数论的先驱者之一；《椭圆函数论》提出了三类基本椭圆积分，证明每个椭圆积分可以表示为这三类积分的组合，并编制了详尽的椭圆积分数值表，还引用了若干新符号，使他成为椭圆积分理论的奠基人之一。

鲁菲尼
Ruffini Paolo

1756—1822

意大利数学家、医学家、哲学家。

在数学方面，他证明了一般高于四次以上的方程不能用根式法求解，后来由挪威数学家阿贝尔加以完善，被称为阿贝尔 – 鲁菲尼定理。

傅里叶
Jean Baptiste Joseph Fourier

1768—1830

法国数学家、物理学家。

傅里叶由于对传热理论的贡献，于 1817 年当选为巴黎科学院院士。1822 年，傅里叶出版了专著《热的解析理论》。这部经典著作将欧拉、伯努利等人在一些特殊情形下应用的三角级数方法发展成为内容丰富的一般理论，三角级数后来就以傅里叶的名字命名。

傅里叶最早提出了"傅里叶变换"的基本思想，这是一种特殊的积分变换；如今我们经常听到的温室效应，也是源自傅里叶。

---

089 | **高斯**
Johann Carl Friedrich Gauss

1777—1855

德国数学家、天文学家、物理学家和统计学家。

高斯在许多领域都有重要的贡献。他是概率论、数论、代数学和几何学等领域的先驱，并且在天文学和物理学领域也有许多重要的成就。他是高斯消元法的发明者，这种方法在解决代数方程组和线性方程组的问题上非常重要。他还发明了高斯分布，这是一种在统计学上被广泛使用的概率分布。

---

090 | **罗巴切夫斯基**
Mikhail Vasilievich Lobachevsky

1792—1856

俄罗斯数学家，被誉为非欧几何学的奠基人之一。

罗巴切夫斯基在他的生涯中致力于研究几何学，特别是欧几里得几何学和非欧几何学。他的研究成果打破了欧几里得几何学中的传统思维，推动了几何学的发展。

罗巴切夫斯基在他的生命中并没有得到足够的认可，他去世后，人们才开始意识到他对几何学和数学的重大贡献，他的研究成果对现代几何学和相对论的发展产生了深远的影响。

091	**马丁·欧姆** **Martin Ohm**
	1792—1872

德国数学家和教育家。

马丁·欧姆自幼便表现出了卓越的数学才华，在德国各地的大学任教，并著有多部重要的数学著作。他的研究领域主要包括微积分、代数和几何学。此外，他也致力于推广数学教育，开创了德国许多新的数学学校。

092	**顾观光**
	1799—1862

中国清代数学家、天文学家、医学家。

他一生勤奋好学，精于医道，对天文、历法、数学、史地尤有研究，留下了许多著作，其中数学专著《九数外录》（十篇）基本上包括了当时西法算术的精要，《周髀算经校勘记》对清代传刻本《周髀算经》的 27 处错误作了订正。

其余数学专著还有《算剩初编》《算剩续编》《算剩余编》《九数存古》等。其中《九数存古》被认为与《九章算术》有继承关系。

093	**阿贝尔** **Niels Henrik Abel**
	1802—1829

挪威历史上最杰出的数学家。他的主要成就是证明了四次以上的代数方程通常无法用根式求解，从而奠定了代数学的基础。他也是椭圆函数领域的开拓者和阿贝尔函数的发现者。

094	**J. 波尔约** **János Bolyai**
	1802—1860

匈牙利数学家，被誉为非欧几何学之父。他的主要贡献是创立了非欧几何学。

095	**雅可比** **Carl Gustav Jacob Jacobi**
	1804—1851

德国数学家，椭圆函数理论的奠基人之一。他率先将椭圆函数理论应用于数论研究。

雅可比对数学史的研究也很感兴趣，于 1846 年 1 月做过关于笛卡尔的通俗演讲。他对古希腊数学也做过研究和评论，1840 年制订了出版欧拉著作的计划。

此外，他在发散级数理论、变分法中的二阶变分问题、线性代数和天文学等方面均有创见。现代数学中的许多定理、公式和函数恒等式、方程、积分、曲线、矩阵、根式、行列式及多种数学符号的名称都冠以雅克比之名。

096 狄利克雷
Johann Peter Gustav Lejeune Dirichlet
1805—1859

德国数学家，解析数论的创始人，对函数论、位势论和三角级数论都有重要贡献。在数论方面，狄利克雷对高斯的《算术研究》进行了研究，并有所创新。关于费马大定理，他给出当 $n=14$ 时无整数解的证明；探讨了二次型、多项式的因子、二次和双二次互反律等问题；还开创了解析数论的研究。

其主要著作有《数论讲义》《定积分》等。

097 威廉·罗维尔·哈密顿
Sir William Rowan Hamilton
1805—1865

爱尔兰数学家。

哈密顿在数学、物理学和天文学等多个领域都做出了杰出的贡献。他在代数学方面的成就包括发明了四元数、开创了向量和矩阵理论等，对矩阵理论的发展有重要的贡献。此外，哈密顿还在天文学和光学方面有所成就，他提出了哈密顿原理和哈密顿函数等概念，对力学和物理学的发展也产生了深远的影响。

098 德摩根
Augustus De Morgan
1806—1871

英国数学家及逻辑学家。他明确陈述了德摩根定律，将数学归纳法的概念严格化。他生前多以报刊评论员的身份而知名。

---

099 | **约瑟夫·刘维尔**
| **Joseph Liouville**
| 1809—1882

法国数学家。

在分析学领域，刘维尔研究了椭圆函数和复函数，并发展出了刘维尔变换，这在研究解析函数的性质和实数的可分性方面具有重要意义。此外，他还构造了刘维尔数，首次证明了超越数的存在性。

---

100 | **伽罗瓦**
| **Évariste Galois**
| 1811—1832

法国数学家，被认为是现代代数学的奠基人之一。他主要的成就在于创立了一个新的数学分支——群论。

伽罗瓦在短暂而不幸的一生中，研究出很多重要的数学成果，包括伽罗瓦理论、伽罗瓦扩展、伽罗瓦群、伽罗瓦环等。伽罗瓦的成就在他去世后逐渐被人们重视，并成为19世纪末20世纪初代数学中心的一部分。他的贡献对现代代数学和数学基础研究有着深远的影响。伽罗瓦理论是现代代数学的重要分支之一，被广泛应用于数论、几何、物理学、化学和计算机科学等领域。

101 卡尔·魏尔施特拉斯
Karl Weierstrass
1815—1897

德国著名数学家，在实分析和复分析领域都有杰出的贡献，被誉为"现代分析之父"。他的一个重要贡献是给函数的极限建立了严格的定义。

102 夏尔·埃尔米特
Charles Hermite
1822—1901

法国数学家，因证明 e 是超越数而闻名。此外，他也是法国另外一位知名数学家庞加莱的老师。

103 利奥波德·克罗内克
Leopold Kronecker
1823—1891

德国数学家，他对数学的贡献集中在代数学、数论和函数论领域。

克罗内克对函数论的研究贡献很大，他开创了现代函数理论的基础。此外，他还提出了克罗内克符号，这是一种在张量分析中广泛使用的记号。

104 伯纳德·黎曼
Georg Friedrich Bernhard Riemann
1826—1866

德国数学家，被认为是数学分析和几何学的开拓者之一。他的贡献包括创立黎曼几何学、发展复变函数论、建立黎曼积分和黎曼曲面等。

在黎曼几何学方面，黎曼建立了一个新的几何学理论，它不再局限于欧氏几何学中的平面和直线，可以考虑更一般的曲面和其上的测度、曲率等概念，为后人更好地理解宇宙、引力等物理现象提供了理论基础。黎曼也在解析数论、微分几何、微分方程等领域做出了杰出的贡献。

105 理查德·戴德金
Julius Wilhelm Richard Dedekind

1831—1916

德国著名数学家。

戴德金对现代数学的建立和发展做出了极为重要的贡献，包括在代数学和数理逻辑等领域的突破性工作。其最知名的研究成果有解释实数构成方法的"戴德金切割"和环论中的重要概念"戴德金整环"。

106 康托尔
Georg Ferdinand Ludwig Philipp Cantor

1845—1918

德国数学家。他对集合论的研究对数学的发展产生了深远的影响，同时也引起了数学家们的激烈争论。

康托尔在数学领域的主要成就是创立了集合论，并通过对无限集合的研究提出了一系列重要的结论。

康托尔的工作曾经遭到了一些反对，但他始终坚信自己的观点，并通过不断地推进集合论的发展，逐渐赢得了学术界的认可。他的工作不仅对现代数学产生了深远的影响，也对哲学和逻辑学产生了重要的启示。

---

107 | **阿道夫·林德曼**
Carl Louis Ferdinand von Lindemann

1852—1939

德国数学家。其主要贡献在于率先证明了圆周率（π）是一个超越数。

---

108 | **庞加莱**
Jules Henri Poincaré

1854—1912

法国著名数学家、理论物理学家和天文学家，被誉为20世纪初的最后一位"全才"。

他在不同领域的贡献都非常显著，包括纯数学、数学物理学、动力系统、微分几何、拓扑学、流体力学、电磁学等。

---

109 | **朱塞佩·皮亚诺**
Giuseppe Peano

1858—1932

意大利数学家、逻辑学家和教育家。

皮亚诺在微积分、微分方程、数学基础、射影几何、函数理论等方面都有贡献。他对数理逻辑的创建起到了重要的、关键性的作用。他发明了一种表意语言，这种语言符号简单清晰，易于辨认和阅读，其中的许多符号在现代逻辑文献中仍被继续使用。

110	**阿弗列·怀特海** **Alfred North Whitehead**
	1861—1947

英国逻辑学家、哲学家和数学家，与勒内·笛卡尔、戈特洛布·弗雷格、伯特兰·罗素等人齐名，被誉为20世纪西方哲学史上最重要的思想家之一，同时在数学领域也颇有影响。

他盛赞诞生了哥白尼、开普勒、纳皮尔、费马、惠更斯、莱布尼茨、牛顿、笛卡尔、帕斯卡等闪耀群星的17世纪是一个"天才的世纪"。

111	**大卫·希尔伯特** **David Hilbert**
	1862—1943

德国数学家，是20世纪最杰出的数学家之一，以在函数论、代数学、数论和几何学等领域做出的卓越贡献而闻名。

希尔伯特提出了许多重要的数学问题和概念，其中最为著名的是23个"希尔伯特问题"。这些问题涵盖了数学中许多不同的领域，如数论、代数学、拓扑学、函数论、微积分学等，鼓舞了许多数学家在这些领域做出了深入的研究。此外，希尔伯特还是数学教育的杰出推动者，他的教学理念和方法被广泛接受和实践。

112	**格哈德·哈代** **G.H. Hardy**
	1877—1947

英国著名数学家，对数论和分析学的发展具有巨大的贡献和重大

的影响。除了自己的研究工作之外，他还培养和指导了众多数学大家，包括印度数学奇才拉马努金和我国数学家华罗庚。

哈代于 20 世纪上半叶建立了具有世界水平的英国分析学派。他的数学贡献涉及解析数论、调和分析、函数论等方面。其一生著述颇丰，计有 8 部专业书籍和大约 350 篇论文（包括独著或合著）。

113	埃米·诺特
	Amalie Emmy Noether
	1882—1935

德国数学家。

其研究领域为抽象代数和理论物理学。她善于借助透彻的洞察建立优雅的抽象概念，再将之漂亮地形式化，被亚历山大罗夫、爱因斯坦等学者形容为数学史上最重要的女人；她彻底改变了环、域和代数的理论；在物理学方面，诺特定理解释了对称性和守恒定律之间的根本联系。

诺特被称为"现代数学之母"，她允许学者们无条件地使用她的工作成果，也因此被人们尊称为"当代数学文章的合著者"。

114	斯里尼瓦瑟·拉马努金
	Srinivasa Ramanujan
	1887—1920

印度数学家，以其在数论、分析和组合中的独特贡献而闻名于世。

拉马努金的研究范围包括无限级数、分数近似、连分数、分析数论、超几何级数和不等式。他的很多发现都非常独特，有些领域的工作直到今天还属于最前沿的数学研究领域。他曾与英国数学家格哈德·哈代通信，后者为他提供了前往剑桥大学研究的机会。在剑桥大学，拉马努金与哈代合作，并开始出版他的作品。

115 约翰·冯·诺依曼
John von Neumann
1903—1957

美籍匈牙利数学家、计算机科学家、物理学家。诺依曼在纯粹数学和应用数学方面都有杰出贡献，提出了二进制思想和程序内存思想。

鉴于冯·诺依曼在发明电子计算机中所起到的关键性作用，他被西方人誉为"计算机之父"；在经济学方面，他也有突破性成就，被誉为"博弈论之父"；在物理学领域，冯·诺依曼在 20 世纪 30 年代撰写的《量子力学的数学基础》已经被证明对原子物理学的发展具有极其重要的价值。

116 亚历山大·格尔丰德
Александр Óсипович Гéльфонд
1906—1968

苏联数学家。格尔丰德定理即以他为名。

格尔丰德在多个数学领域都取得了重要成果，包括数论、解析函数、积分方程和数学史，而他最知名的是他的同名定理。

117 华罗庚
1910—1985

中国著名的数学家和数学教育家。

华罗庚在数学研究领域发表了许多有影响力的论文和著作。他主要从事解析数论、矩阵几何学、典型群、自守函数论、多复变函数论、偏微分方程、高维数值积分等领域的研究；他解决了高斯完整三角和的估计难题、华林和塔里问题改进、一维射影几何基本定理证明、近代数论方法应用研究等学术问题。

华罗庚还对中国数学教育事业的发展做出了巨大的贡献。他领导了中国现代数学的建设和发展，并帮助培养了一代又一代杰出的数学家。

118	**西奥多·施耐德** **Theodor Schneider**
	1911—1988

德国数学家。其最为知名的成就是证明了格尔丰德－施奈德定理。

119	**保罗·埃尔德什** **Erdős Pál**
	1913—1996

匈牙利数学家。

埃尔德什在 20 世纪 50 年代曾与中国数学家华罗庚通信。他一生四处游历，探访各地的数学家，与他们一起工作，合写论文。他也非常重视数学家的培养，比如澳籍华人数学家陶哲轩就得到过埃尔德什的鼓励和帮助。

埃尔德什和德裔美籍数学家恩斯特·施特劳斯共同提出了埃尔德什－施特劳斯猜想。

120 谷山丰

1927—1958

日本数学家。他和志村五郎共同提出了谷山 – 志村猜想并和志村五郎合著有《近代的整数论》。

121 志村五郎

1930—2019

日本数学家。他和谷山丰共同提出了谷山 – 志村猜想。

122 王元

1930—2021

中国科学院院士，著名数学家。

20 世纪 50 年代至 60 年代初，王元首先在中国将筛法用于哥德巴赫猜想研究，并证明了命题 {3,4}，1957 年又证明了命题 {2,3}，这是中国学者首次在此研究领域跃居世界领先地位。1973 年与华罗庚合作证明用分圆域的独立单位系构造高维单位立方体的一致分布点贯的一般定理，被国际学术界称为 "华 – 王方法"。

123 陈景润

1933—1996

中国科学院院士，著名数学家。

陈景润主要从事解析数论方面的研究，是世界著名解析数论学家之一，在 20 世纪 50 年代即对高斯圆内格点问题、球内格点问题、塔里问题与华林问题的以往结果做出了重要改进。

陈景润于 1973 年发表的（1+2）的详细证明，被国际数学界称为"陈氏定理"。陈景润提出并且实现了一种新的加权筛法。在他的加权筛法中出现一个和式 Ω，通常的邦别里－维诺格拉多夫均值定理无法对 Ω 中出现的余项给出合适的估计。在和式 Ω 的估计中，陈景润把估计某种集合中元素个数的问题转化为计算另一种集合中元素个数的问题。这个思想加强了筛法的威力，被国际数学界称为转换原理。

124	**潘承洞**
	1934—1997

中国科学院院士，著名数学家、教育家。

潘承洞在解析数论研究中成绩卓著，尤以对哥德巴赫猜想的研究成果为中外数学家所赞誉。他还倾注大量心血著书立说和培养青年人才。他和潘承彪合著的《哥德巴赫猜想》一书，是"猜想"研究历史上第一部全面、系统的学术专著。

125	**安德鲁·怀尔斯** **Sir Andrew Wiles**
	1953—

英国著名数学家。

怀尔斯于 1994 年证明了数论中历时三百多年的费马大定理，并由此在 1998 年国际数学家大会上获得了国际数学联盟特别制作的菲尔兹奖银质奖章以及 2016 年的阿贝尔奖。

126 理查·泰勒
Richard Taylor

1962—

英国数学家，安德鲁·怀尔斯的学生。主要研究数论。他协助怀尔斯完成了费马大定理的证明。2002 年，美国数学协会曾颁发柯尔数论奖给他。

第三节　泥板上的古巴比伦数学

　　古巴比伦位于美索不达米亚靠近底格里斯河和幼发拉底河的区域，国家建立于公元前 19 世纪前后。这一时期的文明并不是完全源自巴比伦城，但是人们约定俗成地把这一区域称为巴比伦。古巴比伦和古埃及一样，是一个奴隶制国家，虽然我们现在看来，奴隶制存在种种问题，但是当时在全世界范围内，奴隶制是一个极为先进的社会制度。伴随着奴隶制的诞生，国家有了大量可以统一调配的劳动力，进而让古巴比伦成为当时的农业大国，农产品也因此出现了富余，甚至还出口到其他国家，古巴比伦也顺理成章地成为当时世界上最富庶的国家之一。在发展农业的过程中，古巴比伦实现了人类文明史上最早的一次科技发展。比如，灌溉设备在当时已经出现。甚至在古巴比伦后期，还出现了包括毛织品、麻织品，甚至工艺品在内的手工业产品的出口。

　　丰富的商业活动伴随着货币和税收制度的建立，也为古巴比伦带来了数学。

　　与古埃及不同，美索不达米亚平原的主要文献载体是泥板……听到这里，大家可能会觉得有点怪异，为什么不是莎草纸这类的植物材质的呢？

因为美索不达米亚平原过于干旱，植物本来就很匮乏，并没有太适合制作书写承载物的植物。那为什么不用石头呢？因为在古巴比伦石头也是稀缺之物，甚至被认为是重要的国家资源。在这样的环境下，泥板就成为当时文字的载体，其成本相对低廉，且容易获取，又易于保存。人们在泥板上刻下了痕迹，这些刻印的文字，就是楔形文字。由于这种泥板的耐久性极强，只要不是故意损毁，上面的楔形文字就能够长时间保存。这就让当地与数学相关的内容留存得更丰富。我们现在可以找到大量从公元前 1900 年到公元前 1600 年的资料，而这一时期的数学内容，一般被统称为古巴比伦数学。

古巴比伦留存的数学内容往往都是教材，用于培养为政府服务的抄写员，而其中涉及的问题基本都与日常生活相关，同样记载有大量关于面积计算的内容，一般指向农田、生产作物的计算。这让很多考古学家猜测，虽然身处奴隶社会，但古巴比伦文明非常强调公平，否则很难解释为什么会出现这么多用于计算资源分配的数学内容。更为直接的证据出现在《汉谟拉比法典》中，其中明确提出了公民的概念，甚至还明确了国家有责任和义务保护公民的人身安全和财产不受侵害。但是在古巴比伦文明末期，社会文化发生了一次明显的变化，而后讨论资源公平分配的内容变得越来越少了。

为了解读楔形文字，人们花费了上千年的时间。1835 年，英国东印度公司的陆军军官亨利·罗林森（Sir Henry Rawlinson，1810—1895）开始研究贝希斯敦石刻。贝希斯敦石刻早在 1598 年就被发现，但当时没人注意到它的价值。石刻上用古波斯文、埃兰文和阿卡德文的楔形文字等三种文字撰写了大流士[1]的功绩。石刻上使用的古波斯文一部分演变成了现代波斯文，所以贝希斯敦石刻相当于为人们提供了针对楔形文字的官方翻译模板，这为人们解读楔形文字提供了可能。而同时期古埃及的文字早就被破译了——在 1799 年，拿破仑的远征军就发现了罗塞塔石碑，上面用古希腊文、古埃及俗体文世俗体和古埃及象形文字三种文字撰写，起到了与贝希斯敦石刻一样的作用。当时可以阅读古希腊文的人很多，这就让古埃及的象形文字比楔形文字早几十年就完成了破译。

古巴比伦数学最大的特色是采用了极为另类的六十进制系统。我们平日里使用的都是十进制，意为满 10 进 1。就像前文提到的，绝大多数的文明采用的是十进制，这与人一共有 10 个手指相关。尽管六十进制多少让人有些摸不着头脑，但生活中也并非没有六十进制的存在，我们现在所使用的计时方法依然保留着六十进制。比如，60 秒为 1 分钟，60 分钟为 1 小时。

六十进制导致了古巴比伦的数学内容并未被过多探讨，因为所有内容都要转换成十进制才可以。但我们真正认真地去看留存下来的那些泥板，可以发现古巴比伦拥有极高的数学成就。

耶鲁大学收藏了大量的古巴比伦泥板，所有耶鲁大学收藏的泥板都采用 YBC（Yale Babylonian Collection）作编号，其中编号为 YBC 7289 的泥

1　大流士一世，波斯帝国第三位皇帝。

板上以六十进制记载了单位正方形的对角线长 $\sqrt{2}$ 的极为精确的数值。

YBC 7289，上面的压痕对应的就是古巴比伦的数字

第一组六十进制的数字是 1、24、51、10，对应的是十进制的 $1+\dfrac{24}{60}+\dfrac{51}{60^2}+\dfrac{10}{60^3}=\dfrac{305470}{216000}$，这个数字约等于 1.414213，与 $\sqrt{2}$ 的估算误差小于二百万分之一。

另外一组数是 42、25、35，对应的是十进制 $42+\dfrac{25}{60}+\dfrac{35}{60^2}$，约为 42.426，是上一组数乘以 30，即边长为 30 的正方体的对角线长度。[1]

从这两个数字的表达也能看出来六十进制的一个优势——可以用整数来表示很多的分数，让一定范围内的计算变得十分轻松。一些人认为，正是六十进制让古巴比伦在这一时期的数学水平突飞猛进。

1 Fowler, David, Robson, Eleanor (1998). *Square root approximations in old Babylonian mathematics: YBC 7289 in context*[J]. Historia Mathematica, 25(4): 366–378.

另一个值得注意的是，这个六十进制的估算数很可能应用了极长的时间，甚至长达上千年，因为克罗狄斯·托勒密（Claudius Ptolemaeus，约100—168）也使用过这种数字。而这块泥板产生的时间是公元前18世纪到公元前16世纪之间，与托勒密生活的时代有着近2000年的时间差，托勒密并没有给出数字的出处和证明，所以这很可能是一定范围内公认的估算结果。

还有一块名为普林顿322的泥板，这个泥板并不大，大约13厘米长、9厘米宽、2厘米厚，在数学史上颇有地位。泥板上列出了一系列勾股数，也就是满足 $a^2 + b^2 = c^2$ 的正整数集合。泥板大约存在于公元前1800年，这比已知的希腊和印度数学家发现勾股数还要早上千年。

普林顿 322

此外，古巴比伦人在观察月亮和制定历法上也颇有建树。比如，古巴比伦人确定了一个月亮月是 30 天，而 12 个月亮月是一年，也就是在他们的历法中，一年有 360 天，同时还通过闰月的方式找平了与自然年的差距。古巴比伦人还把 7 天作为一个较小的时间单位，用来膜拜他们所观测的 7 个星体，分别为太阳、月亮、金星、木星、火星、水星、土星。时至今日，在一些语言中，星期的命名依然使用着这些行星的名字，这正是沿用了古巴比伦人的习惯。比如，法语中的星期表述为 lundi（星期一）、mardi（星期二）、mercredi（星期三）、jeudi（星期四）、vendredi（星期五）、samedi（星期六）、dimanche（星期日），它们对应的就是月亮、火星、水星、木星、金星、土星、太阳。再比如，日语中的星期表述为月曜日（星期一）、火曜日（星期二）、水曜日（星期三）、木曜日（星期四）、金曜日（星期五）、土曜日（星期六）、日曜日（星期日），对应的也是各个行星。再如，德语中的 Sonntag（星期日）和 Montag（星期一）对应的是太阳和月亮，而英语中的 Saturday（星期六）意为土星天，Sunday（星期日）则是太阳天。

类似记载数学和历法的泥板还有大量的留存，共计超过 400 块泥板记载了与数学相关的内容，其中还有很多是具有创造性的复杂数学问题。比如，在晚期的古巴比伦泥板上，已经出现了类似于 0 的符号，这是人类有记载以来出现得最早的 0。还有一些泥板上已经提供了一些方程式的解法，其中某些解法与我们日后常用的解法非常相近。但是，这些解法在后续的发展中逐渐被遗忘，并没有对后续数学的发展产生直接的影响。

从古巴比伦的数学知识来看，毋庸置疑的是那里已经是当时世界上数学成就最高的区域。

但是，无论是古埃及数学，还是古巴比伦数学，都没有解决两个根本性问题：一是数学仅仅作为一种工具，服务于政权和农业生活，并不是一门独立的学科，甚至根本称不上是学科；二是这时的数学还没有一套严谨的系统，更多的仅是遇到问题解决问题，但是问题与问题之间又缺乏直接的关联性，换句话说，这时的数学是没有公理、定理和证明的。

假如我们站在当时人们的视角去看，这些数学知识很可能是某种类似于魔法的奇观。在当时了解数学的人极少，有书写能力的人更少，而这些数学知识只在僧侣和祭祀人员间流传，他们又是服务于统治阶级的，因此数学也就成了当时一种秘而不宣的知识，如同某种秘法。人们遇到问题以后求助于数学，在经历了一系列莫名其妙的推演后，得到一个非常神奇的结果。也正是这种关于数学的知识差，让民众心生对统治阶级的畏惧。

从考古学来看，这一点也是客观存在的。比如，古巴比伦人起初观测的3个星体是太阳、月亮和金星，所以在当时，数字3被认为是幸运的象征；后期人们开始观测7个星体后，数字7就被认为是幸运的。

　　《周髀算经》主要记载了汉代的数学成就，其中最为知名的是第一次提及了勾股定理，还对其进行了证明，这比毕达哥拉斯提出的时间要早五六百年。

02　勾股定理翻开的数学篇章

第一节 绝不"实用"的古希腊数学

古巴比伦和古埃及都是农业文明，政权和民众的稳定性强，但也缺乏激进创新的魄力。古希腊并不是以农业发家，而是一个侵略性极强的游牧文明，他们的文化源自其所侵占的土地。这种背景让古希腊文明激进地发展着，一方面饥渴地学习被侵略土地的知识，另外一方面也在其基础上进行了大刀阔斧的创新。在这种文明的影响下，古希腊绝大多数的学者都有过在海外游学的经历。此外，古希腊和古巴比伦、古埃及最大的区别在于，古希腊的宗教是世俗化的，其宗教核心是英雄崇拜，是文学性的解读，并不是宗教性的对死后世界的恐惧和畅想。这使得古希腊人摆脱了宗教的束缚，可以更加肆无忌惮地畅想世界的本质。

古希腊人对智力的崇拜到了一种类似宗教化的程度。古希腊的哲学家们所研究的内容并不考虑任何实用性，因为在古希腊文明中"实用"是个有侮辱性的词汇，在他们的观点里，只有奴隶才会在乎是否实用。他们也会去做一些与现实相结合的实验，其目的并不是为了有用，只是为了证明自己有更加发达的大脑。

公元前776年，第一次古代奥运会的举办，展现了古希腊强大的文化和经济实力。

在这样的背景下，古希腊诞生了诸多伟大的哲学家。这些哲学家中，也不乏数学家，其中就包括第一位扬名后世的数学家泰勒斯（Thales of Miletus，公元前624–620年—公元前548–545年）。泰勒斯有非常多的称谓，他是哲学家、天文学家、数学家，是西方思想史上第一位有记载的留下名字的思想家，被后人称为"科学和哲学之祖"。

泰勒斯出生于古希腊位于小亚细亚的繁荣港口城市米利都，当地的一

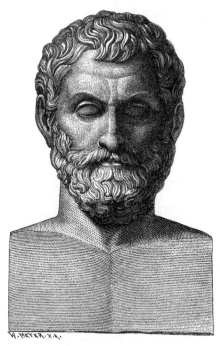

泰勒斯画像

批学者创建了知名的米利都学派。米利都学派[1]是前苏格拉底哲学的一个学派，被誉为西方哲学的开创者，其创始人就是泰勒斯。米利都学派开创了理性思维，试图用观测到的事实，而不是用古代的希腊神话来解释世界。米利都学派中，最为知名的是泰勒斯提出的水的本原说，即"水是万物之本原"（Water is the arche），泰勒斯也是古希腊第一个思考万物本原这个哲学问题的人。

柏拉图（Plato，公元前 429—公元前 347）记载过泰勒斯的一个故事，这个故事经常在我们小时候的课外书上被提及，故事说的是泰勒斯在夜观天象时，不小心跌到了沟渠里，于是一位路人笑他："你连脚下的路都看不见，怎么会知道天上的事呢？"泰勒斯并没有回答他。关于泰勒斯，还有两个故事极为出名，一个是泰勒斯曾经利用相似三角形的性质计算了金字塔的高度；另一个是泰勒斯曾在公元前 585 年 5 月 28 日准确预测了日食。但这些故事基本都是口口相传，至于是不是真的发生在泰勒斯身上已经无从考证了。虽然关于泰勒斯的故事十分丰富，但还是要强调一下，事实上没有任何古代文献可以佐证泰勒斯有过这些发现。这些关于泰勒斯的成就大部分都是转述自其他的材料，一些材料甚至与泰勒斯生活的时代相距数百年。所以真实的泰勒斯是什么样子的，我们无从得知，这里所说的泰勒斯，更像是一个类似荷马那样多少有些传说色彩的人物。

---

1 米利都学派（Miletus School）：由泰勒斯创立，认为一切表面现象的千变万化中有一种始终不变的东西。

但我们也没必要计较那么多，毕竟人们对泰勒斯的成就已经默默地达成了一种共识。

泰勒斯在数学上最知名的成就是泰勒斯定理，内容为：如图所示，若 A、B、C 是圆周上的三点，且 AC 是该圆的直径，那么 $\angle ABC$ 必然为直角。

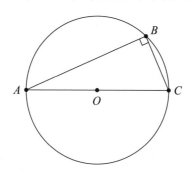

此外，泰勒斯还提供了很多定理，举例如下：

圆被任一直径二等分。

等腰三角形的底角相等。

两条直线相交，对顶角相等。

两角和一边对应相等的两个三角形全等。

纵观泰勒斯学派的研究，其最大的成就是为平面上线与角的关系奠定了理论基础。除定理本身外，泰勒斯在数学上最大的成就是引入了命题证明的思想，用公理进行推理，来论证命题。也就是说泰勒斯把一个问题拆分成了命题、公理、定理和证明四个部分，并不只是"知其然"，也要"知其所以然"。这为日后的数学研究乃至科学研究都奠定了基础。

泰勒斯有两位著名的学生：阿那克西曼德[1]和阿那克西美尼[2]，两人在哲学、天文学和数学上都有所成就。泰勒斯和其两名学生所创建的米利都学派，影响了日后几千年的数学和哲学发展，当然，也影响了当时的一些年轻人。

公元前572年左右[3]，在爱琴海一座名为萨摩斯（Samos）的小岛上，降生了一位名叫毕达哥拉斯（Pythagoras，约公元前572—约公元前500）的婴儿，他成年后来到米利都求学，拜会了当时已经赫赫有名的泰勒斯，希望能够成为泰勒斯的学生。这时的泰勒斯年事已高，便把毕达哥拉斯引荐给了自己的学生阿那克西曼德，但是阿那克西曼德并没有接收他。之后的时间里，毕达哥拉斯并没有好好地学习，而是开始四处游学。他先到埃及游历了十年，然后被波斯人掳走，又在古巴比伦生活了五年。据说，在此期间毕达哥拉斯曾经做过一个波斯军官的奴隶，由于为其治好了瘙痒症而重获自由。自由的毕达哥拉斯并没有离开古巴比伦，而是留在这里学习，在此接触到了古巴比伦人精妙的数学。经过了近20年的游历后，毕达哥拉斯返回了故乡，开始传播自己的思想，但由于当地民风保守，人们并不能接受毕达哥拉斯的先进思想，于是他又前往意大利南部的克罗内托，在那

1　阿那克西曼德（Anaximander，约公元前610—公元前545）：古希腊唯物主义哲学家，泰勒斯的学生。他认为万物的本源是一种没有固定界限、形式和性质的物质。

2　阿那克西美尼（Anaximenes，公元前586—公元前524）：泰勒斯和阿那克西曼德的学生，认为气体是万物之源。

3　关于毕达哥拉斯的生辰并没有确切的年份，较多被引用的是公元前572年和公元前580年。

里创建了知名的毕达哥拉斯学派。

毕达哥拉斯雕像

从泰勒斯和毕达哥拉斯的故事可以看出，泰勒斯更多的是为了解决一些实际的问题，所以更像是个实干家，而毕达哥拉斯的一些行为看起来更像是神秘主义者，他的这一特点也被融入了毕达哥拉斯学派中。

毕达哥拉斯学派是一个颇具神秘主义气质的宗教性质团体，学派有很多的限制。比如，学派成员大多吃素，并且不许吃豆子。学派成员主要从事哲学和数学两大领域的研究，而哲学和数学两个词，也是由毕达哥拉斯提出的。毕达哥拉斯学派的宗教属性也体现在对待数字的态度上。比如，他认为 1 代表阿波罗；2 代表众神之母；3 代表三维；4 代表一年四季；5 代表婚姻，因为 5 等于最小的偶数 2 与 1 以外的第一个奇数 3 的和；6 代表神灵，因为古希腊人认为人转世的周期是 216，正好是 6 的三次方；7 不能分解，所以代表处女；8 代表和谐，因为正立方体有 8 个顶点；9 是 10 以内最大的平方数，所以代表公正；10 是前四个数之和，所以代表完美。大家是不是觉得听起来很复杂？事实上，毕达哥拉斯学派努力地赋予每个数字以意义。比如，36 就是一个有特殊意义的数字，因为它是前三个自然数的立方和：$1^3 + 2^3 + 3^3 = 36$，同时也是前四个偶数与前四个奇数的和：$(2 + 4 + 6 + 8) + (1 + 3 + 5 + 7) = 36$。

这种把数字赋予神性的做法在整个古希腊时代都十分普遍，而毕达哥拉斯学派直接喊出了"万物皆数"的口号，甚至把这一口号延续到了音乐上。毕达哥拉斯曾经发现，拨动一根两倍长的琴弦所得的音调正好与正常的琴弦差了一个八度，而琴弦的长度如果是其他比例，听起来会有不和谐的情况。

毕达哥拉斯学派最知名的成就是毕达哥拉斯定理，也就是我们中国人所说的勾股定理。据说是在一次聚会中，毕达哥拉斯看着墙上的方形拼砖，获得了灵感，用面积法证明了直角三角形三边的关系。有一个广为流传的传言说，在发现这个定理后，毕达哥拉斯十分开心，与学生庆祝时吃掉了 100 头牛——这想必是无稽之谈，毕竟毕达哥拉斯学派是全员吃素的。

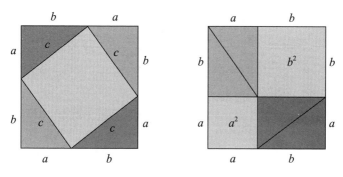

用面积法证明毕达哥拉斯定理

完整的定理为：在平面上的一个直角三角形中，两个直角边边长的平方之和等于斜边长的平方。如果设直角三角形的两条直角边长度分别是 a 和 b，斜边长度是 c，那么可以用数学语言表达为：$a^2 + b^2 = c^2$。

日后，西方社会也认为是毕达哥拉斯最早提供了勾股定理的证明，所以在英语世界中，称其为毕达哥拉斯定理。这个说法也有争议，因为毕达哥拉斯并没有写过著作，关于他与这个定理的联系是通过他人转述的，一手的证明资料并没有被发现过。

毕达哥拉斯定理在数学史上的地位非常特殊，因为这条定理在几乎所有文明中都被人发现过。比如，该定理在中国被称为勾股定理。几乎每个文明的数学水平，在发现毕达哥拉斯定理后，都开始获得了第一次明显的突破。

除了毕达哥拉斯定理以外，毕达哥拉斯学派还发现了很多特殊的数字。比如，完全数，意为一个数字等于其真因子之和，如 6 和 28 就是完全数。6 的真因子包括 1、2、3，而 $6 = 1+2+3$，此外 $28 = 1+2+4+7+14$。在欧几里得（Euclid，约公元前 330 年—公元前 275 年）的《几何原本》（*Elements*）中，还提供了一个计算方法 $2^{n-1}(2^n-1)$，其中 2^n-1 是素数。按照这个算法，可以算出前四个完全数分别是

$$2^1 \times (2^2 - 1) = 6$$

$$2^2 \times (2^3 - 1) = 28$$

$$2^4 \times (2^5 - 1) = 496$$

$$2^6 \times (2^7 - 1) = 8128$$

所以找到下一个完全数的难点其实在于确认 2^n-1 是素数，只要找到满足 2^n-1 条件的素数，那么就可以确认这个数是完全数。而找到这个素数的猜想，就是本书后文会提到的梅森素数猜想。这里有一个题外话，那就是我们现在找到的所有完全数都是偶数，那有没有可能存在一个奇数的完全数呢？这个猜想被莱昂哈德·欧拉（Leonhard Euler，1707—1783）称为是"最难的猜想"，并且现在在我们已经知道了要满足奇完全数的条件是极为苛刻的，从感性上来说是不可能存在的，但是从理性上来说，至今依然无法得到数学层面的证明。

除了完全数，毕达哥拉斯还找到了一组亲和数，所谓亲和数是指任意一个是另一个的真因子之和。比如，220 和 284，220 的真因子是 $1+2+4+5+10+11+20+22+44+55+110 = 284$，而 284 的真因子有 $1+2+4+71+142 = 220$。一直到 2000 多年后，法国数学家费马（Pierre de Fermat，1601—

1665）才找到了第二对亲和数 17926 和 18416。

如果读者朋友们对数学领域的各种猜想感兴趣，会发现很多知名的猜想都与素数有关，在整个数学的研究中，素数的性质和相关的计算一直是最热门的话题。

当然，这里我们也要强调一下，毕达哥拉斯和泰勒斯的情况十分相似。没有人找到过关于毕达哥拉斯的一手文献，大多都是源自很多年后的转述，并且当时的毕达哥拉斯学派是以一个团队的形式出现的，所以毕达哥拉斯的一些发现很可能是团队成果，然而现如今这一切我们都无从得知。

毕达哥拉斯的学术道路并不是一帆风顺的，其研究过程中经历了第一次数学危机。相传毕达哥拉斯有一位爱动脑子的学生发现，如果把等腰直角三角形的两直角边长度看作 1，那斜边长度的平方就是 $1^2+1^2=2$，所以斜边的长度就应该是 $\sqrt{2}$，但是 $\sqrt{2}$ 既不是整数，也不是分数。在当时古希腊人的认知里，只存在整数和分数这两种数，而整数也可以表达为 $\dfrac{p}{q}$。在古希腊人的理解里，其实也没有分数，他们理解的分数其实是两个正数的比，而不是一个独立的数。$\sqrt{2}$ 就无法用 $\dfrac{p}{q}$ 的形式表达。现在我们知道，$\sqrt{2}$ 是无理数，而当时的人们无法理解无理数，所以这一发现让毕达哥拉斯学派感到十分恐惧。尽管毕达哥拉斯学派解决了这个问题，但他们选择封锁这个消息，并且把希帕索斯扔到了海里。既然解决不了问题，那可以"解决"提出问题的人。

这里提供一个很简单的方法证明 $\sqrt{2}$ 是无理数。

我们假设，如果 $\sqrt{2}$ 是有理数的话，那么肯定存在 $\dfrac{p}{q} = \sqrt{2}$，同时 $\dfrac{p}{q}$ 一定是最简的分数形式。我们把两边都平方，得到 $\dfrac{p^2}{q^2} = 2$，我们调整一下左右两边的位置，可以得到 $2q^2 = p^2$，在这里 p^2 一定是偶数。因为平方后会保持奇偶性，比如，2 的平方 4 也是偶数，而 3 的平方 9 也是奇数，所以 p 一定是偶数。我们让 $p = 2p_1$，在这里可以确定 p_1 一定是一个整数。我们把 $2p_1$ 代入到前面的式子里，可以得到 $2q^2 = p^2 = 4p_1^2$，化简可得 $q^2 = 2p_1^2$，所以 q 也一定是偶数。当我们知道 p 和 q 都是偶数时，那么 $\dfrac{p}{q}$ 就一定不是最简形式了，也就产生了矛盾。而这个矛盾的产生，正是因为 $\sqrt{2}$ 是无理数。

无理数的出现，被称为第一次数学危机。一直到 19 世纪德国数学家理查德·戴德金（Julius Wilhelm Richard Dedekind，1831—1916）的证明，人类才解决了这次数学危机。

第二节　雅典学派和柏拉图

公元前 5 世纪，雅典成为世界哲学和数学的思想中心。其中的代表者有阿那克萨哥拉（Anaxagoras of Clazomenae，约公元前 500—公元前 428），他最早提出了无穷大和无穷小的概念。阿那克萨哥拉认为，小的量中不存在最小的量，而是可以不断地减小。按照他的观点，任何一件东西都可以被无限分割，所分割的部分也总是大于零的。另一个持有相反观点的是芝诺（Zeno of Elea，约公元前 490—公元前 430），他认为一个物体如果经过了无限分割，结果仍旧是一个可以分割的微粒，那么无限大的数不可能得出有限的量，而是得出无限大的量。在数学史上，芝诺是一个知名的诡辩者，他曾经提出过四个悖论，把当时的雅典数学界震惊得不知所措。这四个悖论如下。

- 二分法悖论：运动是不存在的，因为物体到达目的地之前必须先到达中间点，而中间点还有中间点，这样无限分割下去是没有穷尽的，所以运动永远不可能开始，运动就是不存在的。
- 阿基里斯悖论：奔跑中的阿基里斯永远不可能超过他前面爬行的乌龟，因为他必须到达乌龟的出发点，而当他到达时，乌龟又往前爬了一点。

· 箭的悖论：箭在任何一瞬间都是保持不动的，所以它在任何瞬间都是不动的，它是保持静止的。

· 游行队伍悖论：假如在观众席前有两个队列 B 队列和 C 队列，两个队列开始同时移动，B 队列向右边行进 1 格，C 队列向左边行进 1 格，会发现两个队列相对于观众席来说都只移动了一个格子，但是 C 队列相对于 B 队列来说，移动了两个格子。对 C 队列来说，移动一个格子的时间与移动两个格子的时间是相同的。

以现代人的数学素养来说，解释这四个悖论并不是难事，本书就不再证明，留给读者朋友们去思考。

芝诺向年轻人展示通往真理和谬误的大门

在哲学层面思考数的本质，这在当时是一种极为普遍的现象，同时极限的思想也逐渐被接受。比如，古希腊知名的演说家，也是柏拉图同母异父的弟弟安提丰（Antiphon，公元前 426—公元前 373）就用类似的思路解决了圆面积的计算方法。他先在圆的内部接一个正三角形，然后把边数逐渐增加，渐渐地，内接多边形的面积越来越接近圆形的面积，所以安提丰认为圆形最终就是一个多边形，这个思路被称为"化圆为方"。现在我们知道这是不正确的，因为"曲"永远不是"直"。但这种思想日后被称为"穷竭法"，也是微积分最重要的理论基础，这种方法被称为"割圆术"，在日后上千年时间里，大家一直在用这个方法去计算 π 的值。

当时的雅典数学已经极为辉煌，甚至已经出现了系统化的数学教育。百年后，柏拉图的出现把雅典的数学水平又推上了一个新的高度。我们从柏拉图之前的一些有趣的数学问题说起。

公元前 428 年，雅典发生了一场大瘟疫，导致约四分之一的人死亡。有这样一则传说，当时雅典派出了一群人，在提洛斯（Delos）岛 [1] 找到了阿波罗的神使，向他求助如何躲避瘟疫。神使的答复是，必须把阿波罗的立方体祭坛扩大一倍，于是雅典人就把祭坛的长宽高各扩大了一倍。现在我们知道，这使得体积变为了原来的 8 倍，而不是 2 倍，所以并没有成功避免瘟疫。这个问题被称为提洛斯难题，指的是给定一个立方体的边，仅用圆规和直尺是否能作出来另一个立方体，让它的体积是原立方体的两倍。此外，还有两个难题，分别为：给定一个角，用圆规和直尺作出另一个角，让它的度数是给定角的三分之一；是否能用圆规和直尺作出一个与圆面积

1 　爱琴海上的一个岛屿。希腊神话中，是女神勒托的居住地，在这里她生育了阿波罗和阿耳忒弥斯。

相当的正方形。这三个难题被并称为古希腊三大难题。

这三道题的答案都是不能。一直到 19 世纪，人们才证明这三大难题都是无法解决的。

也就是在这场瘟疫前，柏拉图出生了。柏拉图在数学史上有着独特的地位，除了其卓越的数学才华外，更重要的是，从柏拉图开始，人们有了一手的记录材料，而不再是几百年后人们的转述。柏拉图和后续大部分优秀数学家的文献都被一代一代地传了下来。

柏拉图曾经是知名哲学家苏格拉底（Socrates，公元前 469—公元前 399）的学生，两人也并称为古希腊三大哲学家之二，另一位是柏拉图的学生亚里士多德（Aristotle，公元前 384—公元前 322）。虽然苏格拉底年轻时候研究过数学，在柏拉图的《斐多篇》（*Phaedo*）里就有描述过苏格拉底对数学的思考："我不能使自己相信，把一加在另一个一之上时，是被加的那个一变成了二，还是两个加在一起的单位由于相加而变成了二。我搞不懂，当它们分离时，其中的每个都是一，而不是二，而当它们被加在一起时，它们纯粹地并列或汇合，怎么就是它们变成二的原因呢。"[1] 但苏格拉底并不重视数学，认为数学不能成为学习和研究的对象，而柏拉图并不认同这个看法，反而把数学作为主要的研究方向。柏拉图在当时是极为特殊的：一方面他有着极高的天分和才能，让他在年轻时就确立了一套自己的研究方法；另一方面，柏拉图是贵族出身，非常有钱，他的家庭可能是古

1　卡尔·B. 博耶. 数学史 [M]. 修订版. 北京：中央编译出版社，2012：98.

雅典国王的后裔，他也是当时雅典知名的政治家克里提亚斯（Critias，公元前460—公元前403）的侄子，虽然这个关系仍有争议。富裕的家庭条件让他可以四处游历，宣传自己的理念和成果，并在这个过程中建立了柏拉图学院。

柏拉图在他的学院里（卡尔·约翰·沃尔博姆绘）

柏拉图一生沉迷于几何，很多人都听说过一个故事，柏拉图学院门口有个牌子，写着："不懂几何者不得入内。"柏拉图是热爱数学的，但如果去看他早期的对谈，里面提及数学的内容却极少，他是在拜访了另外一名数学家阿尔库塔斯（Archytas，公元前428年—公元前347年）之后才改变看法的。公元前388年，柏拉图从他那里听到了五个正多面体，包括正四面体、正六面体、正八面体、正十二面体和正二十面体。之后，柏拉图便开始沉迷于这五个多面体特性的研究。这里有个题外话，在三维世界里，只有这五个图形是凸正多面体，再也找不出来第六个了。

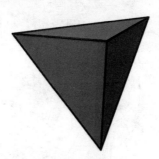

正四面体

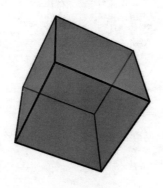

正六面体

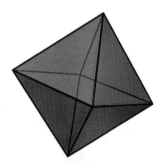

正八面体

正十二面体

正二十面体

日后，人们称这些多面体为柏拉图多面体。在柏拉图之后的千百年时间里，一直有人在继承柏拉图的衣钵，研究这五个正多面体，而所有的解读都带有神秘主义色彩。比如，在柏拉图时代，人们就认为正十二面体是宇宙的代表。

柏拉图的神秘主义不仅仅体现在几何上，同样也体现在数字上，这种思想可能继承自毕达哥拉斯学派。比如《理想国》（*Republic*）中提到过一个为"更好出身和更糟出身的老爷"的数字，有人推测这个数字可能是 $60^4 = 12960000$，这是巴比伦数字命理学中的一个重要数字。而在柏拉图的《律法》（*Laws*）中，给出的理想的公民数量是 $7 \times 6 \times 5 \times 4 \times 3 \times 2 \times 1 = 5040$。从最初数字的诞生，一直到柏拉图以后的几百年里，数学家们几乎都对数字本身进行了神秘主义的解读方式，以至于数学一直被笼罩在类似宗教化的氛围中。

当然，柏拉图对数学的进步而言并非都是积极作用，他非常排斥更为先进的测量工具和机械，认为这些破坏了数学美好的纯粹。也是因为柏拉图的主张，整个古希腊的数学一直被限制在尺规作图上，这也限制了数学在更高层面上的拓展。

数学史上关于柏拉图的争议也不小，因为被真正认为是柏拉图在数学上的创造并不多，他更多地是以一个启发者的形象留在数学史上。

柏拉图指向天，象征他认为品德来自智慧的形式世界，而亚里士多德则手掌向地，象征他认为知识是透过经验观察所获得的（拉斐尔绘）

在柏拉图的诸多学生中，要属亚里士多德名气最大。亚里士多德在柏拉图死后选择了四处游历，一直到 42 岁，他收到了马其顿国王腓力二世的邀请，成为其儿子亚历山大的老师。几年后，亚里士多德返回故乡，创立了自己的学院吕园。或许是受到自己医生父亲的影响，亚里士多德并没有表现出对数学方面的兴趣，而是把研究重心放在了生物学上，但这并不代表亚里士多德在数学上没有成就。他明确了数学推理中的矛盾律（一个命题不能既是真的又是假的）和排他率（一个命题要么是真的，要么是假的，必须是其一）。现在的数学证明普遍应用了这两条原则。此外，亚里士多德还定义了数学这个学科，他指出"数学是量的科学"（Mathematics, the science of quantity）[1]，这个解释简单明了，所以之后上千年的时间里，人们一直在延续着这个定义。

柏拉图的另外一位学生虽没有亚里士多德名气大，但在数学上的直接成就更高，他叫欧多克索斯（Eudoxus of Cnidus，公元前408—公元前355）。欧多克索斯提出了比例的概念，在欧几里得的《几何原本》第五卷中，转述过欧多克索斯的阐述："有四个量，若取第一和第三个量的任一相同倍数，再取第二和第四个量的任一相同倍数，如果前者的倍数同样大于、等于或小于依相应顺序所取之后者的倍数，则我们说这四个量有相同比，即第一个量与第二个量之比等于第三个量与第四个量之比。"

我们如果用现在的数学方法来表达，可以总结如下：若 $a:b=c:d$，则下面三个等式的关系成立，即

$$ma<nb, mc<nd$$

$$ma=nb, mc=nd$$

1　F.cajori. *A History of Mathematics*[M]. MacMilan Co, 1919: 285.

$$ma > nb \ , mc > nd$$

这三个式子其实就可以变成我们小学时都学过的交叉乘法公式 $\dfrac{a}{b} = \dfrac{c}{d}$，

交叉相乘后得 $ad = bc$。

第三节　科学之城的亚历山大学派

公元前4世纪中期，伯罗奔尼撒战争后，希腊共和国逐渐失去了军事和政治上的优势。北方的马其顿国王腓力二世决定乘虚而入，马其顿军击溃了希腊，攻陷了雅典，年轻的亚历山大继承王位。前文提到过，亚历山大是亚里士多德的学生，或许是亚里士多德的教育取得了成果，亚历山大非常热衷于科学，他在埃及地中海边以自己的名字创建了一座城市，并且希望将其打造成科学之城，但是亚历山大远征印度回来后就在巴比伦突然去世了。

尽管如此，亚历山大城还是成为科学之城。在托勒密统治埃及时期，亚历山大城被定为首都，并且在那里建立了著名的亚历山大大学，学校里有图书馆、博物馆、实验室、天文台，甚至有动物园和植物园，这样的规模即使放在千年后也颇为壮观。

大批的数学家来到亚历山大城，继续遵循着毕达哥拉斯学派和柏拉图学派的方向进行研究，其中最为知名的就是欧几里得。尽管欧几里得的知名度很高，但是关于欧几里得的故事却没有多少人知晓，至今我们甚至不知道他出生在哪里，生卒年月不详。更有甚者，现在很多关于欧几里得的表述都是错误的，比如，一些地方提到的麦加拉的欧几里得并不是我们耳熟能详的那个欧几里得，麦加拉的欧几里得是苏格拉底的一名学生，与《几何原本》的作者毫无关系。唯一可以确认的是，欧几里得曾经在柏拉图学院学习过一段时间，与柏拉图学院的人有过接触。而他之所以被大家所知，是因为他在亚历山大城期间，创作完成了《几何原本》。

在《几何原本》完成的一百多年前有过一本类似的书，作者是希波克拉底（Hippocrates，公元前470—公元前410）。医学领域常提到"希波克拉底誓言"，这是近代医学的道德纲领，每个医生在学生时代都背诵过。但请读者朋友们注意，这是两个希波克拉底，不要混淆，这两个人生在同一时代，经常被误以为是同一个人。

而我们提到的数学领域的希波克拉底编写过一本名为《几何原理》的书，欧几里得的《几何原本》的某些内容就受到其影响，但前者却很早就遗失了。当然，和古希腊文明中大多数人物一样，两个希波克拉底都是被神化的形象，所以真实性并不可知。

《几何原本》并不是一本书，而是一部长达十三卷的巨著。其中第一卷为几何基础，第二卷为几何与代数，第三卷为圆与角，第四卷为圆与正多边形，第五卷为比例，第六卷为相似，第七卷到第九卷为数论，第十卷是无理数，第十一卷是立体几何，第十二卷是立体的测量，第十三卷是建正多面体。一些地方曾经提到过第十四卷和第十五卷，但均是伪书，真实的《几何原本》并不存在这两卷。

欧几里得（胡塞佩·德·里贝拉绘）

《几何原本》全书总共收录了465个命题、5条公设和5条公理，其中5条公设如下：

（1）由任意一点到另外任意一点可作直线。

（2）一条有限直线可以继续延长。

（3）以任一点为圆心、任一距离为半径可作圆。

（4）所有直角都相等。

（5）若一条直线与两条直线相交，在某一侧的内角和小于两个直角和，那么这两条直线在各自不断地延伸后，会在内角和小于两直角和的一侧相交。

5 条公理如下：

（1）与同一量相等的量彼此相等。

（2）等量加等量，其和仍相等。

（3）等量减等量，其差仍相等。

（4）彼此能重合的物是全等的。

（5）整体大于部分。

这里的公理指的是极其基本、不证自明的断言，而公设指的是从人们的经验中总结出的几何常识。其中的表述虽不够严谨，但都是现在小学生和初中生就能理解的内容。此外，请注意第五条公设。如下图，如果 α 和 β 的内角和小于180°，则两直线不断延伸后，会在内角和小于两直角和的一侧相交。

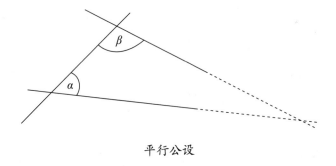

平行公设

这条公设也被称为平行公设，很多年后人们发现，这条看似理所应当的公设，好像也并不是那么牢不可破，并借此开创了一个全新的研究方向。

这是后话了。

欧几里得最大的研究突破是使用了公理化的方法。公理是确定的、不需要证明的基本命题，一切定理都是由此演绎出来的。在这种演绎推理中，每个证明必须以公理为前提，或者以被证明了的定理为前提。所以《几何原本》最伟大的地方就在于通过不多的几条公理，构筑起了庞大的几何大厦。

此外，书中通过几何的表达方式，展现了一些代数的内容。比如第二卷的命题 4 为："若任意两分一条线段，则在整个线段上的正方形等于各小线段上的正方形之和加上由两小线段构成的矩形的二倍。"这其实就是 $(a+b)^2 = a^2 + b^2 + 2ab$。而命题 5 为："如果把一条线段先分成两条相等的线段，再分成两条不相等的线段，则由两条不相等的线段所构成的矩形与两个分点间的一条线段上的正方形之和，等于原来线段一半上的正方形。"其实就是 $a^2 - b^2 = (a+b)(a-b)$。

《几何原本》在当时十分特殊，因为它是一本教科书。当时大部分学者的写作目的是宣誓自己发现内容的所有权，而像欧几里得这样愿意写一本专门传递知识的课本是极为罕见的行为，这也更凸显了《几何原本》的伟大之处。

在此后上千年的时间里，《几何原本》成为全世界流传范围最广、阅读人数最多的数学教材。甚至到今天，一些初等数论教科书里依然在沿用《几何原本》中的一些算法。比如，求最大公约数的辗转相除法，最早就出现在《几何原本》中，也被命名为欧几里得算法。要了解欧几里得算法，要先明白 mod 是取余运算，计算结果是两个数的余数。然后两个数字互相取余，就可以获得最大公约数。比如，26 和 15 的余数计算方法如下：

$$26 \bmod 15 = 11$$

$$15 \bmod 11 = 4$$

$$11 \bmod 4 = 3$$

$$4 \bmod 3 = 1$$

$$3 \bmod 1 = 0$$

所以 26 和 15 的最大公约数就是 1，有兴趣的读者朋友可以拿其他的数字再试试。

关于欧几里得，有一个很有名的传说，据说托勒密一世请教欧几里得，学习几何有没有什么捷径。欧几里得回答说："在几何学里，没有为国王专门铺设的康庄大道。"

除《几何原本》外，欧几里得还有至少五本著作流传于世，包括：《给定量》（*Data*），研究几何问题中给定元素的性质和意义；《图形的分割》（*On Divisions of Figures*），论述用直线将已知图形分为相等的部分或成比例的部分；《反射光学》（*Catoptrics*），论述反射光在数学上的理论；《现象》（*Phenomena*）是一本关于球面天文学的论文；《光学》（*Optics*）主要研究视觉问题的几何方面，叙述视线的入射角等于反射角等。

俄克喜林库斯 29 号莎草纸（现存最早的《几何原本》残页之一）

欧几里得之后最知名的数学家是其弟子阿基米德（Archimedes，约公元前 287—公元前 212）。

与老师相似，阿基米德的人生经历同样模糊，只能通过后人的记叙进行推测。他出生于大约公元前 287 年，出生地很明确，是在西西里岛上一个叫叙拉古的地方，除此以外，阿基米德之后的经历就不是十分清晰了。阿基米德曾有过传记，早期的数学家们多次提到过，但现在无法找到这本传记的原文。而阿基米德人生最大的转折点是在 20 岁左右，他被他的数学家父亲送到了亚历山大城，在这里他师从欧几里得。

阿基米德一生热爱天文学，但并没有天文学著作保留下来，力学和数学的相关内容却留存很多。其中最为知名的是称皇冠的故事。叙拉古的国王亥厄洛打造了一个纯金的皇冠，但是他怀疑工匠在里面掺杂了银子，于是让阿基米德找出称金属的方法。阿基米德在洗澡时，突然想到，物体在水中失去的重量，就是其排除出去的液体的重量。

这个故事的真实性颇具争议，但是在阿基米德的《论浮体》（*On Floating Bodies*）中曾经明确提到过："如果把比流体轻的任何固体放入流体中，它将刚好沉入到固体重量与它排开流体的重量相等这样一种状态。""如果把一个比流体重的固体放入流体中，它将沉至流体底部，若在流体中称量固体，其重量等于其真实重量与排开流体重量的差。"

当然，阿基米德更出名的是那句："给我一个支点，我可以撬动地球。"不过，这句话的原话其实是："如果另外有一个地球，我可以站在那儿移动这一个。"[1] 阿基米德也被认为是世界上最早阐述杠杆原理的人。由于他在力学领域的诸多成就，阿基米德也被称为"力学之父"。

同时，阿基米德也是一名极为优秀的数学家。阿基米德在其著作《圆的度量》（*On the Measurement of the Circle*）中使用穷竭法计算了圆的周长与 π 的近似值。阿基米德从内接和外切三角形开始，让三角形的边数倍增，一直扩大到了九十六边形。这时他发现了直径为 1 的圆内接正九十六边形的周长大于 $3\frac{10}{71}$，同一个圆的外切正九十六边形的周长小于 $3\frac{1}{7}$，并且由此

1　蔡天新 . 数学传奇 [M]. 第一版 . 北京 : 商务印书馆，2016: 28.

得知 π 的值是 $\frac{22}{7}$。通过内接和外切多边形的周长来确定 π 值是一种先进的思路，在此之前的 π 值，基本都是通过测量后估算来确定的，没有通过数学运算得出。而内接和外切多边形提供了一种更具普适性的解法。在此后一千多年的时间里，人们一直在通过这个方法提高 π 值的精确度。

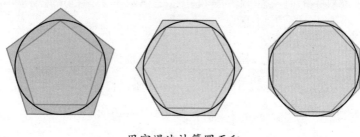

用穷竭法计算圆面积

阿基米德最重要的著作是《论球与圆柱》(*On the Sphere and Cylinder*)，他在序言中给出了 6 个定理和 5 个公理，其中最为后世熟知的是阿基米德公理，也就是"给任两个正数 a 和 b，必存在自然数 n，使得 $na > b$"。阿基米德依靠这些定理和公理，推导出了 60 个命题。其中命题 34 提到了球面积等于它的大圆面积的 4 倍，球体积等于以它的大圆为底、半径为高的圆锥体体积的 4 倍。日后，阿基米德的墓碑上也刻上了这个论断。在另外一本《论锥形体和球形体》(*On Conoids and Spheroids*)中，阿基米德应用穷竭法研究了椭圆的面积和旋转体的体积，这种思想十分接近现在的积分思想。而在《论螺线》(*On Spirals*)中，他又一次使用了微分的思想。因为上述成就，阿基米德也被认为是早期数学史上最有影响力的数学家之一。

阿基米德还是一个不折不扣的爱国者，他的一生都在为自己的祖国奉献智慧，帮助叙拉古制造了大量反抗罗马人的武器。公元前212年，罗马军队入侵，一位士兵杀死了阿基米德。关于他的死有好多个版本，但是无论在哪个版本的故事里，都提到阿基米德死前是在研究数学。

阿基米德之死（托马斯·德乔治绘）

　　阿基米德时代是古希腊数学最后的辉煌，同时期还有很多颇有成就的数学家。比如，当时亚历山大图书馆的管理员埃拉托斯特尼（Eratosthenes，公元前276年—公元前194年），他在其著作《论地球的测量》（*On the Measurements of the Earth*）里第一次测量了地球的子午线。埃拉托斯特尼找到了亚历山大和塞尼分布在同一条子午线上的两个点，两点间距离为 750 公里，夏至当天中午 12 点时，塞尼的太阳光垂直于地面，没有阴影，而亚历山大出现了 7°36′ 的阴影，知道这个就相当于知道了地球向塞尼和亚历山大方向两条半径之间夹角的值，因为 7°36′ 约等于圆周长的 $\frac{1}{50}$，所以距离 750 公里就是子午线的 $\frac{1}{50}$。根据埃拉托斯特尼的计算，地球的直径约等于 12625 公里，与准确数值只有 75 公里的误差。此外，埃拉托斯特尼在数学领域更大的贡献是提供了素数的筛法。操作方法是先划定一个范围，比如到 1000，然后从 2 开始，将每个素数的各倍数直接划掉，只要把过程重复下去，就可以得到一张完美的素数表。这个方法就被称为埃拉托斯特尼筛法，因为这个方法沿用了几千年，所以埃拉托斯特尼也被称为数学界的门捷列夫。

亚历山大学派还有一位名叫阿波罗尼奥斯（Apollonius of Perga，约公元前 262—约公元前 191）的知名数学家，其著有一部《圆锥曲线论》（*Conics*），书中第一次提及了抛物线、椭圆和双曲线。我们在上学的时候可能都有过疑惑，为什么抛物线、椭圆和双曲线都叫圆锥曲线呢？其实就是因为在圆锥上都可以截出这三种曲线。在之后两千年的时间里，人们极为热衷于研究圆锥曲线，因为圆锥曲线与天文学直接相关，天体运动的轨迹都是圆锥曲线。也就是说，阿波罗尼奥斯所研究的圆锥曲线，其真正的作用在一千多年以后才显现，这也是数学工具性的最好体现。很多看似无用的数学研究，可能会解决掉某些阻滞其他学科发展的绊脚石。

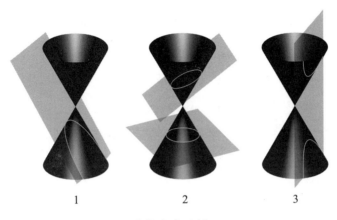

圆锥曲线示例

1—抛物线；2—椭圆和圆；3—双曲线

凭借着在几何上的成就，阿波罗尼奥斯也被视为与欧几里得和阿基米德齐名的亚历山大前期的三大数学家之一。但关于阿波罗尼奥斯的经历，我们知道得更少，除去文献遗失的缘故，很大程度上是因为当时叫这个名字的人太多了，后人无法区分到底哪个才是数学家阿波罗尼奥斯。

亚历山大城里还有一位中国学生十分熟悉的数学家海伦（Heron of Alexandria，10—70），三角形面积的海伦公式就是出自他手：假设三角形边长分别是 a、b、c，三角形的面积 K 可以由下式求得，即

$$K = \sqrt{s(s-a)(s-b)(s-c)}$$

式中，$s = \dfrac{a+b+c}{2}$。

亚历山大前期数学家的主要研究都是围绕着几何进行，而到了后期，代数开始成为独立的学科。其中最具代表性的数学家是丢番图（Diophantus，200—284）。丢番图创作过一本名为《算术》（*Arithmetica*）的书，书中讨论了不定方程的求解，是未知数只能使用整数的整数系数多项式等式，即形式如 $a_1 x_1^{b_1} + a_2 x_2^{b_2} + \cdots + a_n x_n^{b_n} = c$ 的方程，这类方程也被称为丢番图方程。关于丢番图的生平，5 世纪时的希腊人梅特罗多勒斯在其文集《希腊诗文选》中收录了丢番图的墓志铭：

坟中安葬着丢番图。

多么令人惊讶，它忠实地记录了所经历的道路。

上帝给予的童年占六分之一，

又过十二分之一，两颊长胡，

再过七分之一，点燃起结婚的蜡烛。

五年之后天赐贵子，

可怜迟到的宁馨儿，享年仅及其父之半，便进入冰冷的墓。

悲伤只有用数论的研究去弥补，

又过四年，他也走完了人生的旅途。

我们可以发现这就是一个方程 $\frac{x}{6}+\frac{x}{12}+\frac{x}{7}+5+\frac{x}{2}+4=x$，可以很简单地求解出 $x=84$。所以他活了 84 岁，33 岁时结婚，38 岁时生子，80 岁时丧子。墓志铭的真实性并不可考，因为这本书里面有大量数学题目，这个墓志铭很可能只是数学题目之一，只不过借用了丢番图的名字而已。其中，一些数学题目中国学生看起来可能会很亲切，比如："若一根水管可以用一天的时间注满一个蓄水池，第二根水管用两天，第三根水管用三天，第四根水管用四天，所有四根水管一起使用，注满这个蓄水池需要多长时间？"是不是很像小学时期的应用题？所以，大家不要觉得小学数学题枯燥乏味，几千年前的数学家研究的就是这类内容。

第四节　先进的中国古代数学

作为文明古国之一的中国，历史上很早便有了数学的身影，其中某些概念还与古希腊的数学有着异曲同工之妙。比如，战国时期宋国的哲学家惠施（约公元前370—约公元前310），有过诡辩"镞矢之疾，而有不行、不止之时"和"一尺之棰，日取其半，万世不竭"。这两个诡辩与芝诺的悖论颇为相似。但中国古代的早期数学对数的本身研究不多，一直到《周髀算经》的出现，才有了明确的对数的文献记载。

《周髀算经》简称《周髀》，"周"是周代，指从周代传下来的一些方法，"髀"原意指的是股或者股骨，在这里的意思是"用来测量日影的长八尺之表"。《周髀算经》是中国古代最早的数学专业书籍，但是我们并不清楚《周髀算经》的作者是谁，甚至关于《周髀算经》的成书时间都颇受争议，现在较为普遍的说法是成书于西汉（公元前202年—公元8年）末年。之所以有这个推论，是因为书中有这样一句描述："日主昼，月主夜，昼夜为一日。日月俱起建星。"《汉书·律历志》里也有过几乎一样的描述，此外书里记载的二十四节气的名称和顺序与《淮南子·天文训》中的表述完全相同。

《周髀算经》主要记载了汉代的数学成就，其中最为知名的是第一次提及了勾股定理，是以西周初年（公元前 11 世纪）的政治家周公和大夫商高对话的形式出现的，原文为：

昔者周公问于商高曰："窃闻乎大夫善数也，请问古者包牺立周天历度，夫天不可阶而升，地不可得尺寸而度，请问数安从出？"商高曰："数之法出于圆方，圆出于方，方出于矩，矩出于九九八十一。故折矩，以为句广三，股修四，径隅五。既方之，外半其一矩，环而共盘，得成三四五。两矩共长二十有五，是谓积矩。故禹之所以治天下者，此数之所生也。"

这段内容不光提出了勾股定理，还对其进行了证明，这比毕达哥拉斯提出的时间要早五六百年。但是因为那个时期的中国对数学的整体认识不足，导致了日后很长一段时间里，并没有人认真地考究过。另外，关于这段内容的实际发生时间，争议也较大，因为成书时间与周公和商高所处的时代相差约 10 个世纪，即使放到现在，我们对 10 个世纪前的记载都不算足够详细，何况是在 2000 多年前。所以，更多人认为这只是后人借两人之口讲出了勾股定理。当然也是因为书中出现了西周初年的内容，也有人认为《周髀算经》的成书时间是在西周初年，不过这个说法一般不被接受。

和《周髀算经》一样，《九章算术》也是中国古代的数学著作。全书对战国、秦汉时期中国劳动人民掌握的数学知识进行了系统性的总结。在《九章算术》前，还有一本名为《算术书》的数学书，全书仅有 7000 余字，有些内容与《九章算术》明显相似，所以有学者认为《算术书》是《九章

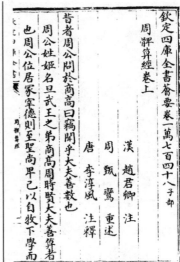
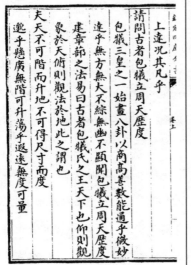

四库全书《周髀算经》书影

算术》的母本，但是因为《算术书》一直到 1983 年才被发现，所以对这本书的研究很少。

《九章算术》的成书时间和作者都不可考，历朝历代也都有人对这本书的内容进行增改，甚至衍生出多本书。现在确定的就有魏晋时数学家刘徽（约 225—约 295）的《九章算术注》（十卷）、唐代李淳风（602—670）注释版《九章算术》、北宋贾宪（生活在约 11 世纪）的《黄帝九章算经细草》（九卷）、南宋数学家杨辉（约 1238—约 1298）的《详解九章算法》、明代吴敬（生活在约 15 世纪）的《九章算法比类大全》、程大位（1533—1606）的《直指算法统宗》（十七卷）、清代屈曾发（1715—1780）的《九数通考》、清代李潢（1746—1812）的《九章算术细草图说》（九卷）、顾观光（1799—1862）的《九数存古》（九卷）与《九章算术》有继承关系，此外还有失传的北周甄鸾（535—?）的注释版。按照现在的说法，可以算是"九章算术宇宙"。

其中，最重要的是刘徽在魏景元四年（263 年）完成的《九章算术注》（十卷）。我们现在对刘徽的了解很少，只能确定是魏晋时期的数学家，具体生平不详。国内的数学史研究中普遍认为，刘徽有可能是梁敬王刘定国之孙菑乡侯刘逢喜的后裔，祖籍山东省淄博市。刘徽的《九章算术注》有两方面极为有价值：一是为那些已经"约定俗成"的内容给出了证明；二是其使用的证明方法丰富，逻辑清楚，在当时来看极有难度。

《九章算术》总共有 246 个数学问题，分为以下九类。

（1）方田章：田亩面积的计算和分数的计算。

（2）粟米章：粮食交易的计算方法。

（3）衰分章：分配比例的算法。

（4）少广章：开平方和开立方的方法。

（5）商功章：体积的计算方法。

（6）均输章：计算税收等更加复杂的比例问题。

（7）盈不足章：双设法的问题。

（8）方程章：一次方程组的解法和正负数的加减法。

（9）勾股章：勾股定理的应用。

《九章算术》中最容易看懂的成就是关于 π 值的计算，刘徽在书中给出的 π 值为 3.14 或 $\frac{157}{50}$。后人为了纪念刘徽，所以把这个数称为徽术或者徽率。在这个数字的出处后面，还有一段注文，写道："径得一千二百五十，周得三千九百二十七，即其相与之率。若此者，盖尽其纤微矣。"意思就是可以使用更精确的值 $\frac{3927}{1250}=3.1416$。不过关于这个注文到底属于谁争议很大，有人说是刘徽的，也有人认为是来自祖冲之（429—500）。但无论如何，书内提供的求圆周率的方法就是割圆术。

书内还展现了一些超乎寻常的计算力。比如，开立方的问题："又有积一百九十三万七千五百四十一尺二十七分尺之一十七，问为立方几何？答曰：一百二十四尺太半尺。"也就是 $\sqrt[3]{1937541\frac{17}{27}}=124\frac{2}{3}$。

《九章算术》里有大量分数的内容，这在同时期其他数学文献中极其罕见。《九章算术》中还提供了一个非常简单的分数减法，被称为减分术，算法为

$$\frac{3}{4}-\frac{1}{3}=\frac{3\times3-4\times1}{4\times3}=\frac{5}{12}$$

《九章算术》的内容非常丰富，在同时期全世界范围内的数学教材中也数一数二。除以上这些外，书中还提供了方程求解、勾股定理的内容，其中包含了一个二次方程的求根公式；最为先进的是定义了分数和负数，甚至还讨论了无理数。这在当时要远远领先于世界上其他的地方。但可惜

的是，当时中国和外界的交流较少，《九章算术》对日后欧洲数学发展的黄金年代影响极小。

当然，中国的古代数学并不只有《九章算术》，甚至一些我们耳熟能详的内容也与数字相关。

古希腊的数学很多被赋予神化色彩，在中国也有类似的情况。比如，《系辞》里提到的"河出图，洛出书，圣人则之"。这个"洛书"到底指的是什么？很可能就是幻方，指的是由一组排放在正方形中的整数组成，其每行、每列以及每一条主对角线的和均相等。1977 年，中国考古学家在安徽省阜阳县双古堆西汉古墓中发现汉文帝七年（公元前 173 年）的太乙九宫占盘，这是中国汉代幻方的实物。南宋数学家杨辉在《续古摘奇算法》中提供过一个幻方的构造方法："九子斜排，上下对易，左右相更，四维挺出，戴九履一，左三右七，二四为肩，六八为足。"幻方虽然看似并不是一个突出的研究方向，但的确是极少数中国数学家领先于世界并且被西方承认的方向。

《九章算术》后中国出现过大量的数学书籍，比较知名的还有《孙子算经》，其中包含了一个中国学生极为熟悉的问题："今有雉兔同笼，上有三十五头，下有九十四足，问雉、兔各几何？"这就是经典的鸡兔同笼问题，有兴趣的读者朋友可以尝试算一下。有数学史学者认为《孙子算经》在中世纪时就被引入欧洲，因为斐波那契（Leonardo Fibonacci，1175—1250）在《算盘书》（*Book of Calculation*）中就曾引用过其中的题目和解法，但是

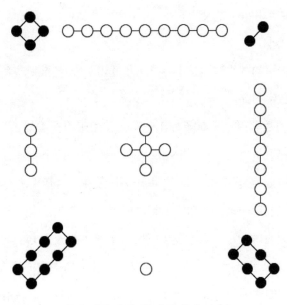

洛书（出自朱熹《周易本义》）

又找不到任何引进过此书的证据，这也算是中国数学史上的悬案之一。

早期很多的中国学者都做过数学相关的研究。比如，发明地动仪的张衡（78—139）就曾经计算过圆周率，张衡认为立方体及其内接球体积之比是 8 ：5，由此推论圆周率是 10 的平方根，此外他还用过 $\frac{92}{29}=3.1724$ 这个结果。当然在这个时代，这个数字的精确度并不算高。

祖冲之在数学上也颇有造诣。我们都听说过祖冲之在天文学上的成就。比如，他首次测出太阳两次经过白道升交点的时间是 27.21223 日，与现代的值 27.21222 日相差不足 1 秒，他还指出木星的恒星周期为 11.859 年，与现代值只有 0.026% 的差距。祖冲之在数学上的成就同样惊人，他使用的圆周率是 3.1415926，总共 8 位有效数字。在之后的 900 年时间里，再也没有过任何一个人达到过 8 位有效数字，一直到 1424 年阿拉伯数学家阿尔·卡西（al-kāshī，？—约 1429）算出了 17 位有效数字，祖冲之的 8 位才被大幅度超越。此外，祖冲之还提供了一个相对粗糙但却容易计算的约率 $\frac{22}{7}$ 和精确度更高的密率 $\frac{355}{113}$。

中国古代在数的理解上一直领先于世界。早在《九章算术》中就有了负数的概念，《九章算术》的第八章"方程"中有了关于负数的记载：把"卖（收入钱）"作为正，则"买（付出钱）"作为负；把"余钱"作为正，则"不足钱"作为负，甚至直接提到了"两算得失相反，要以正负以名之"。后文会讲到西方到底在什么时候才接受负数。在此基础上《九章算术》甚至提到了正负数的加减法："正负术曰，同名相除，异名相益。正无入负之，负无入正之。其异名相除，同名相益。正无入正之，负无入负之。"一直到 17 世纪，这都是世界上关于负数最精准的描述。

此外，中国几乎是世界上最早接受十进制体系的国家，早在商代就在使用十进制。《中国科学技术史》的作者李约瑟（Noel Joseph Terence Montgomery Needham，1900—1995）提到过："在商代甲骨文中，十进位制已经明显可见，也比同时代的巴比伦和埃及的数字系统更为先进。巴比伦和埃及的数字系统，虽然也有进位，唯独商代的中国人，能用不多于 9

个算筹数字，代表任意数字，不论多大，这是一项巨大的进步。"

关于中国数学，有一个很有趣的问题，读者朋友有没有思考过，为什么如今数学这门学科叫作数学？在《周髀算经》时代，这门学科叫作"算"和"算术"。此后一直到唐朝，大部分的相关内容都被称为"算术"或者"算经"，也就是说这时强调的主要就是"算"这个字。一直到宋元时期，"数学"开始大规模使用，并且这时把"算术"改为听起来更加严肃的"算学"。之后几百年的时间里，"算学"和"数学"两个词的意思一致，在同一本著作中甚至可以看到共用的情况。直到 1935 年，中国成立了"数学名词审查委员会"，主张还是"算学"和"数学"二词并存。1939 年 6 月，一次民意调查的结果显示，二词的支持者各占一半。1939 年 8 月，当时的教育部最终决定使用"数学"这个名称，原因有三 [1]。

（1）我国古代的六艺中使用的是"数"字。

（2）数理化的并称大家早已习惯。

（3）在大学中，使用"数学"的更多。

自此以后，我国便开始采用"数学"作为正式的学科名称。

1　梁宗巨 . 世界数学通史 [M]. 第一版 . 沈阳 : 辽宁教育出版社 ,2005: 4.

第五节 从"无"到有的印度数学

古印度作为世界文明古国之一，古印度人在数学上的造诣同样颇深。但在很长时间内，古印度关于数学内容的记载却是一片空白。

促使印度数学得到本质提升的事件是亚历山大的侵略。公元前334年，前文曾经提到过的马其顿国王亚历山大征服了波斯帝国后继续向东发起攻势，于公元前327年突袭印度，并控制了印度西北部。当时的亚历山大想要到达恒河地区，真正地占领印度，但是长途跋涉的士兵已经筋疲力尽了。于是，在公元前325年，亚历山大选择了撤军，只留下了一些希腊将军和士兵管治所征服的印度河流域，最终亚历山大一行客死古巴比伦。这次入侵意外地打通了东西方文明交流的通道，在此之后，印度相关的文献越来越多地出现了与古希腊数学一脉相承的内容。

印度最早关于数学的记载是《绳法经》（*Kalpa*），书中记载了大量建造祭坛相关的内容，也涉及了很多几何知识。比如，书内初步测算了圆周率 $4\left(1-\dfrac{1}{8}+\dfrac{1}{8\times29}-\dfrac{1}{8\times29\times6}-\dfrac{1}{8\times29\times6\times8}\right)^2\approx3.088$，以及 $\sqrt{2}$ 的值 $1+\dfrac{1}{3}+\dfrac{1}{3\times4}-\dfrac{1}{3\times3\times34}\approx1.41421$。再比如，书内提到了作直角的方法，需要借助三根绳

子，只要其长度满足 3：4：5 的比例，就可以构成直角，这时的印度对于毕达哥拉斯定理已经有了一定程度的认知。继《绳法经》后，在公元 4 世纪到 5 世纪有一本名为《悉昙多》（*Siddhāntas*）的书，这是一本天文学书籍，但其中也有一些数学相关的内容。比如，书中提供了 π 的值是 $3\frac{177}{1250}$。

印度的第一个本土数学家名为阿耶波多（Aryabhata，476 年—550 年），他撰写了一部名为《阿里亚哈塔历书》（*Aryabhatiya*）的著作。书中计算了圆周率："4 加上 100，再乘以 8，再加上 62000，按此规则可逼近直径为 20000 的圆之周长值。"[1] 也就是 $\frac{(4+100)\times 8 + 62000}{20000} = \frac{62832}{20000} = 3.1416$，这个数字与刘徽于公元 263 年求得的圆周率完全一样。

同时，他还推导出连续 n 个正整数的平方和与立方和的表达式：

$$1^2 + 2^2 + \cdots + n^2 = \frac{n(n+1)(2n+1)}{6}$$

$$1^3 + 2^3 + \cdots + n^3 = \frac{n^2(n+1)^2}{4}$$

阿耶波多后，印度的下一位数学家是婆罗摩笈多（Brahmagupta，598—668）。婆罗摩笈多出生于印度，但祖籍是巴基斯坦，现在这两国人都认为他是自己国家的人。婆罗摩笈多提出了一些数学方面的重要发现，其中最为重要的是第一次把零纳入计算体系，他提到了以下与零相关的内容：

（1）正数加正数为正数，负数加负数为负数。正数加负数为它们彼此

1　Jacobs, Harold R.*Geometry*: *Seeing, Doing, Understanding*(Third Edition)[M].New York: W.H.Freeman and Company.2003.

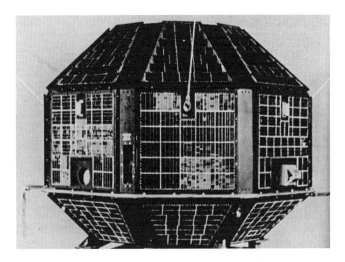

印度的第一颗人造卫星以阿耶波多命名

的差，如果它们相等，结果就是零。负数加零为负数，正数加零为正数，零加零为零。

（2）负数减零为负数，正数减零为正数，零减零为零，正数减负数为它们彼此的和。

（3）正负得负，负负得正，正正得正，正数乘零、负数乘零和零乘零都是零。

（4）正数除正数或负数除负数为正数，正数除负数或负数除正数为负数，零除零为零。

（5）正数或负数除以零，由零作为该数的除数，零除以正数或负数，由正数或负数作为该数的除数。正数或负数的平方为正数，零的平方为零。

值得注意的是，最后两条的"除以零"，按照现代数学的规则是错误的。现代数学里，是不允许除以零的。在之后的数学史上，关于零的讨论一直就没停下过，一直到马丁·欧姆（Martin Ohm, 1792—1872)[1]才确定任何数除以零都是无意义的。因为零乘以任何数都是零，所以假设 $\frac{a}{0}=b$，那么直接把 0 挪到等式右边，就变成了 $a=0$。因为零这个特殊到有些"流氓"的特性，所以只能强制定义"任何数除以零都是无意义的"。时至今日，依然有数学家从不同的角度试图解释零在数学中的定义。

类似的情况还有负数，古希腊时代一直到欧洲中世纪，人们一直无法理解负数，这并不是因为他们比我们笨。从本章的开始就能看出，从古希腊到欧洲文艺复兴时期，数学都是以几何为基础的，所以在大部分数学家的认知里，数字一定要有对应的几何表达，然而负数是找不到这种表达的。或者换句话说，在这个阶段，数字表示的是"单位距离"。比如，数字 1 表示的就是一个单位的距离，而不是真正抽象意义上的 1。甚至在代数出现后，人们还是无法理解负数。关于负数的话题后文还会提到，这里就不再多说了。

回到婆罗摩笈多，他能够考虑到零的存在，在当时来看也是极为先进的。

此外，《婆罗摩修正体系》一书最重要的成果是提供了以下不定方程的求解，即

1　我们物理课学的欧姆定律源自格奥尔格·欧姆（Georg Simon Ohm, 1789—1854），他是马丁·欧姆的哥哥。

$$x^2 - ny^2 = 1$$

这个方程在 18 世纪被欧拉命名为佩尔方程，是以 17 世纪的英国数学家约翰·佩尔（John Pell，1611—1685）命名的，但早在婆罗摩笈多时就提供过求解方法。婆罗摩笈多在书中还提到过以下两个中国初中生极为熟悉的知识。

一是婆罗摩笈多公式，书中提道："一个四边形或三角形的大约面积是边和对边的和的一半。四边形的准确面积是每一个边分别地被另外三条边的和减去自身以后一半的乘积再开方。"也就是根据下图，设 $t = \dfrac{p+q+r+s}{2}$，那么面积为 $\sqrt{(t-p)(t-q)(t-r)(t-s)}$。

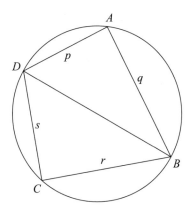

婆罗摩笈多公式示意图

二是国内中考数学的重要考点之一——婆罗摩笈多定理。内容为："若圆内接四边形的对角线相互垂直，则垂直于一边且过对角线交点的直线将平分对边。"根据下图，我们可以非常简单地得出证明过程如下：

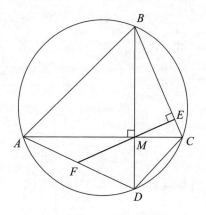

婆罗摩笈多定理示意图

因为 $\angle AMF = \angle EMC = \angle MBC = \angle MAD$，

所以 $AF = MF$.

$\angle FMD = 90° - \angle AMF = 90° - \angle MAD = \angle FDM$，

所以 $MF = DF$，

$AF = MF = DF$.

可得 EF 平分 AD.

第三章

在早期大学里，数学并不是一门
重要的学科，一直到 15 世纪前，在绝
大多数的大学里最重要的学科都是法
学，其次是医学、神学和哲学。自然
科学在大学中的重要性并不高。

03　贵族、大学与代数时代

第一节　罗马帝国和数学的没落

很多手表或者钟表的表盘上都写着一些字母，而不是数字。这些字母就是罗马数字。

从古罗马时期罗马数字就开始使用了。罗马数字只有七个，即 I（1）、V（5）、X（10）、L（50）、C（100）、D（500）和 M（1000），所有数字都是由这七个字母组合而成的。但是这种表示方法极为复杂。比如，246 是 CCXLVI，2023 是 MMXXIII，而 2421 是 MMCDXXI。这种表示方法存在两个问题：一是书写起来十分麻烦；二是很难表达运算，当然这里所说的"很难"不是完全不可以，只是非常麻烦。

所以古罗马人又发明了一种类似中国的算盘的东西，用于计数和计算。但借助工具增加了成本，每个人出门都带着一个算盘不切实际。由于罗马数字和算盘的种种不便，加上古罗马人的数学水平并不高，他们有些缺乏对数学的热情，因此纯正的古罗马数学家并不多。

雅典学派衰败后，由于罗马人的统治，整个欧洲大陆出现了一次数学研究的衰落，尤其是伴随着基督教的崛起，数学一度被推向深渊。当时，存在大量对天文和数学近似宗教化的解读，所以基督教把天文学和数学的研究认为是异教徒行为。其巅峰期是罗马皇帝狄奥多西（Theodosius I，347—395）[1]时代，狄奥多西禁止人们信奉其他宗教，并且在 392 年拆除了希腊的神庙，同时开始屠杀异教徒，大量数学家遭受迫害，其中以希帕蒂亚最为知名。

希帕蒂亚（Hypatia，生于约 350—370 年，死于 415 年）是历史上第一位女数学家，她的父亲席昂是亚历山大图书馆的最后一位研究员。希帕蒂亚曾对丢番图的《算术》、阿波罗尼奥斯的《圆锥曲线论》以及托勒密的作品做过评注，还发明了天体观测仪以及比重计，她因不肯放弃原有的信仰而被基督徒们打死。英国史学家爱德华·吉本（Edward Gibbon，1737—1794）在《罗马帝国衰亡史》中对当时的惨剧做出如下描述："在四旬斋的神圣斋期里，希帕蒂亚被从她的两轮车中扯出，衣物给撕得稀烂，一路拖到教堂，并遭礼拜朗诵士彼得、一群蛮人与残忍的狂热分子们，以徒手毫无人性地屠戮致死。"

此外，基督徒们还焚毁了保存有大量书籍的塞拉皮斯神庙，约有 30 万册手稿被烧毁。公元 592 年，东罗马帝国的皇帝查士丁尼（Justinianus I，约 483—565）关闭了希腊所有的学校，包括 529 年关闭的柏拉图学院在内，使得当时所有希腊学者都离开了东罗马，这也象征着第一个数学时代的结束。

---

1 罗马帝国皇帝，也是最后一位统治过环地中海全境的罗马皇帝。狄奥多西是古典时代晚期至中世纪这段过渡时期罗马帝国的君主，并将基督教定为国教。

英国画家查尔斯·威廉·米契尔绘制的《希帕蒂亚》（希帕蒂亚并没有肖像和雕像留存，但是在后世人想象中希帕蒂亚有着女神一般的外表）

然而，这还不是古希腊数学所受摧残的终结。

公元640年，阿拉伯的征服者奥马尔击溃了罗马人后，看着古希腊时期的亚历山大图书馆，告诉自己的下属：如果书中的内容和《古兰经》相矛盾，那么就应该被销毁；如果和《古兰经》相同，那么就是多余的，也应该被销毁。于是，当地澡堂用图书馆的书作燃料来烧水，烧了几个月。自此以后，古希腊的大部分手稿都被销毁了。而当时为数不多的学者，只能被迫跑到对他们同样不友好，但只是相对更安全一些的东罗马帝国的君士坦丁堡，为西方文明保存了最后一点火种。

经过这一系列的打击，整个欧洲在此后几百年的时间里都没出现过数学领域的卓越突破。其间可以称得上有点名气的是英国数学家阿尔昆（Alcuin or Albinus，约736—804）。阿尔昆是一位僧侣，曾被法兰克王国的查理曼大帝（Charlemagne，742—814）邀请到宫廷中，两人还成为挚友，阿尔昆劝导查理曼大帝在宫廷中开设学校，这所学校就是未来巴黎大学的前身。阿尔昆最大的贡献在于编写了大量的数学教材，这些教材在数学的没落时期为日后的数学发展点燃了一丝火苗。其中最为知名的一部名为《砥砺年轻人的挑战》（*Problems for the Quickening of the Mind of the Young*），里面的一些数学题目，就是现在很常见的小学数学应用题，有兴趣的读者朋友可以思考一下。

（1）某人临死时，给怀孕的妻子留下了遗嘱，把他的财产用下面的方法来分配：如果生下儿子，那么把财产的三分之二分给儿子，三分之一给寡妇；如果生下女儿，那么三分之二给寡妇，三分之一给女儿。遗嘱人死后，他的妻子生了双胞胎，一男一女，怎样分配这份遗产？

（2）狗追兔子，兔子在狗前面跑100英尺。兔子跑7英尺时，狗跑了

9英尺。狗应该跑完多少英尺才能追上兔子?

（3）一个农民随身带着一只狼、一只山羊和一棵白菜，他要渡过一条河。他只能用一只小船渡河，小船可以容纳他自己，再携带一只狼，或者一只山羊，或者一棵白菜。因为人不在时狼要吃山羊，而山羊要吃白菜，所以在一边的岸上不能同时留下狼和山羊，或者山羊和白菜。农民要怎样把狼、山羊和白菜渡河到对岸?

（4）一头狮子吃一头山羊要4小时，一头猎豹吃一头山羊要5小时，一头熊吃一头羊要6小时。如果把一头羊同时丢给它们仨，问吃完要多久?

查理曼大帝对日后欧洲的复兴起到了至关重要的作用。当时的欧洲处于文盲时代，大多数人不识字，更没有接受过教育。只有少部分传教士能够得到读书的机会。为了改变这个现状，查理曼大帝恢复并兴办学校与图书馆。查理曼大帝要求每一座教堂都要设立学校与图书馆，并且传授"七艺"，分别为：语法学、修辞学、逻辑学、算术、几何、音乐和天文学，这"七艺"也成为日后欧洲高等教育的基础。因为当时的法兰克名为卡洛琳王朝，因此后世便称这一系列改革为"卡洛琳文艺复兴"，它也被认为是"欧洲的第一次觉醒"。几百年后欧洲科学的辉煌，就是建立在这一次改革的基础上。

阿尔昆后，欧洲唯一称得上优秀的数学家只有400多年后出生的斐波那契。不过，斐波那契并不是他的本名。斐波那契其实叫列奥纳多

（Leonardo），斐波那契的家族姓氏为波那契（Bonacci），因此列奥纳多就得到了一个类似小名的名字——斐波那契（Fibonacci，filius Bonacci），意思是他爹波那契的儿子。据说他的家族在当地非常有名望，是颇有地位的贵族。1225年，他接受国王邀请，成为宫廷数学家，有文献记载："从1240年起授予德高望重而博学的斐波那契大师额外的津贴，由于他的教学和所献身的事业对城市和人民是有益的。"这一条被刻在一块大理石板上，存放于城市的档案馆里，可想而知，斐波那契的社会地位是极高的。

斐波那契是一位成绩斐然的数学家，他假设过兔子成长率的问题。

（1）第一个月初有一对刚诞生的兔子。

（2）第二个月之后（第三个月初）它们可以生育。

（3）每月每对可生育的兔子会诞生下一对新兔子。

（4）兔子永不死去。

他还根据兔子的数量列出了一个序列，就是现在的斐波那契数列。特点是由0和1开始，之后的斐波那契数就是由之前的两数相加而得出。斐波那契数列的前16位为：1、1、2、3、5、8、13、21、34、55、89、144、233、377、610、987。这个序列在很多地方有应用。比如，以斐波那契数为边的正方形可以拼接成接近于黄金矩形的图形，如下图：

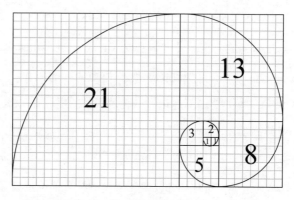

黄金矩形是一个长和宽的比为黄金比例的矩形

此外，斐波那契最为重要的贡献是助推了阿拉伯数字在欧洲的推广。因为斐波那契的父亲在北非做生意，所以斐波那契从小就学会了阿拉伯数字，也深刻领悟到阿拉伯数字比罗马数字在计算上要方便得多。27岁的斐波那契编写了《算盘书》，书里通过记账的形式展示了阿拉伯数字，包括十进制和0的使用。全书的开篇内容就是："这里是九个印度数码 987654321，用这九个数码，加上阿拉伯人称之为零的符号0，任何数都可以写出来。"[1]

书里还有一些代数问题如下。

$$x + b = 2(y + z)$$

$$y + b = 3(x + z)$$

$$z + b = 4(x + y)$$

斐波那契在很多地方都展现出了惊人的天赋。比如，他在宫廷中和巴

---

1 D.J.Stuik. *A Source Book In Mathmatics*[M]. Harvard Uni, 1969: 2.

勒莫的约翰（John of Palermo）进行过一场比赛，约翰的第一道题是：求一个数，它的平方加 5 或减 5 仍然是平方数。斐波那契的答案是 $\dfrac{41}{12}$。

$$\left(\frac{41}{12}\right)^2 = \frac{1681}{144}$$

$$\frac{1681}{144} + 5 = \left(\frac{49}{12}\right)^2$$

$$\frac{1681}{144} - 5 = \left(\frac{31}{12}\right)^2$$

第二题是：解三次方程 $x^3 + 2x^2 + 10x = 20$，斐波那契给出的解是 $x = 1.36880810785$，精确到了小数点后 11 位，不过他当时是按照六十进制计算的，这是换算出来的十进制结果。要知道当时还没有一元三次方程的一般解法，同时这个解有两个虚数根，当时并没有在考虑范围内。

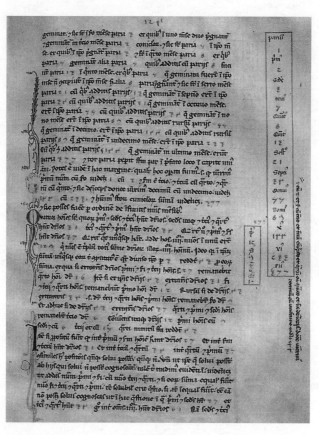

《算盘书》

第三题是：A、B、C三人共有一笔钱，A应占$\frac{1}{2}$，B应占$\frac{1}{3}$，C应占$\frac{1}{6}$。现各人先从总数中取款若干，直到取完为止；然后A放回去所取的$\frac{1}{2}$，B放回去所取的$\frac{1}{3}$，C放回去所取的$\frac{1}{6}$；再将放回的平均分给三个人，这时各人所得恰好是他们应有的，问原有款多少？第一次各取多少？解答方法是，设总钱数为 s，第一次各取 a、b、c，放回后再平分给三人，各得 x，即

$$\frac{a}{2} + x = \frac{s}{2}$$

$$\frac{2}{3}b + x = \frac{s}{3}$$

$$\frac{5}{6}c + x = \frac{s}{6}$$

$$s = a + b + c = 2\left(\frac{s}{2} - x\right) + \frac{3}{2}\left(\frac{s}{3} - x\right) + \frac{6}{5}\left(\frac{s}{6} - x\right)$$

可以得到 $47x = 7s$。所以，斐波那契的答案是 $s = 47$，$x = 7$，第一次取的为 33、13、1。

这三道题展现出了斐波那契极强的计算力和想象力。

在斐波那契的时代，也有其他的数学家，但是成就均无法与其相提并论，从 7 世纪到 14 世纪这长达几百年的时间里，整个欧洲只有零星几人可以称得上是优秀的数学家，这期间人们在数学上的突破甚至远比不上古希腊时期。毫无疑问，这几百年是数学史上最黑暗的时代。但这期间，欧洲人也不是碌碌无为，其中最为重要的功绩就是开办大学。

第二节　大学和学会的诞生

柏拉图建立的柏拉图学院被认为是欧洲大学的先驱，同时早期类似的教育机构沿用了柏拉图时的名称 academy。早期的欧洲教育机构主要教授拉丁语、希腊语、哲学、法学，偶尔也有数学、医学和天文学。现在大学的词汇 university 是由 universe（宇宙）这个词的前身衍生而来的，是在欧洲中世纪才广泛使用的。

而早期学术机构有三个严重的问题：一是教授的任免过于随意化，缺乏严格的选拔标准；二是课程设置过于随意，根本没有考虑过学生的学习体验，大多数教师想讲什么就讲什么；三是教学机构之间缺乏交流，甚至是拒绝交流，认为封闭的环境才能创造价值。很多人都意识到了这种教育方法无法正常培养学生，也无法实现正常的学术交流，所以进入中世纪后，就有不少学校出现，希望改变这个现状。

其中，博洛尼亚大学被认为是欧洲大学之母。

神圣罗马帝国皇帝腓特烈一世（Friedrich I，1122—1190）于 1158 年颁布法令，规定大学不受任何权力的影响，作为研究场所享有独立性。在此之后，前身为法学院的博洛尼亚大学逐渐壮大。博洛尼亚大学早期只有法学专业，之后逐渐拓展到了其他专业，包括逻辑学、天文学、医学、哲学、算术、修辞学以及语法学。之后几百年的时间里，包括意大利诗人但丁·阿利吉耶里（Dante Alighieri，1265—1321）、人文主义之父弗朗切斯科·彼特拉克（Francesco Petrarca，1304—1374）等众多名人都在此执教或者就读过。

博洛尼亚大学

在法国同样出现了早期的大学——巴黎大学。

巴黎大学起源于修道院，当时巴黎的几所修道院一起招募了一些学者，教授文科、法学、医学、神学四门学科，过了一段时间，他们决定把这些学者集中在一起，于十二世纪中叶成立了巴黎大学。与博洛尼亚大学类似，巴黎大学能够顺利发展，也是得益于当权者的保护。

1200年，几名巴黎大学的学生和酒馆老板发生冲突，之后，对学生不满的当地人杀害了这些学生。巴黎大学的师生得知后，找到法国国王腓力二世申诉。腓力二世最终判处巴黎市长终身监禁，并且处置了杀人的公民，并颁布了一项针对巴黎大学师生的特权——"人身不受市民伤害"。此外，教皇英诺森三世在1208年直接颁布了旨在保护巴黎大学师生的皇家特权法令，要求每一位巴黎市长在就职前都应该宣誓履行巴黎大学的特权。

1229年，几名巴黎大学的学生又一次和酒馆老板发生冲突，但这次政府选择了处死导致冲突的学生。于是，巴黎大学的师生集体罢课，并宣布要从巴黎撤离。国王和教皇为了挽留他们，在1231年确立了巴黎大学的更多特权，包括司法权、财权、免税权和教师许可权等。这些特权一直到15世纪才被取消。

在英国同样诞生了一所大学——牛津大学。

牛津大学并没有一个确定的成立日期，仅有记录证实牛津的教学最晚始于1096年。牛津大学真正意义上的大规模招生是从1167年开始，这一年英法两国交恶，导致在巴黎大学上学的英国学生被迫回国，原因有两种说法：英国的说法是法国人遣送回来的，法国人的说法是英国人自己召回去的。总之，这批回国的学生最终到了牛津大学。1209年，学校的师生和牛津的市民频繁发生冲突，由于暴力冲突逐渐升级，因此一批学者以逃难的姿态跑到了东北方的剑桥，在那里成立了一所新的大学——剑桥大学。

早期欧洲大学的教育方法并不是我们现在所熟知的纯授课模式，而是话题讨论，教授会抛出来一个问题，和学生一起讨论这个问题的解答方式，甚至会有激烈的辩论，这种氛围很容易让优秀的学生脱颖而出。

13世纪后，欧洲其他国家陆续开始出现大学，到15世纪大学已经极为普遍了，全欧洲总共成立了70多所大学，以意大利和法国最多，教育质量也最高。大学的出现解决了两个问题：一是扩大了受教育人群，这样培养出优秀学者的概率也更高；二是为顶级学者提供了更开放且更公平的交流平台，而不是只能在教会或者宫廷里讨论。

大学并没有完全拯救数学，至少是没有立刻拯救。14世纪"上帝的惩罚"降临——黑死病爆发，整个欧洲有三分之一到一半的人死亡。另外，百年战争和玫瑰战争也对高等教育产生了直接冲击。

此外，在早期的大学里，数学并不是一门重要的学科，一直到15世纪前，在绝大多数的大学里最重要的学科都是法学，其次是医学（现在欧美大学里地位最高的也是这两个专业）、神学和哲学。而自然科学在大学中的重要性并不高，当时的大学虽然有数学课，但授课难度低，也没有专职的数学教授。所以后文我们会看到，很多数学家的专业都是法学或者神学，这并不一定是他们想学习这个专业，而是在当时的大学里只有这些专业。

在欧洲的名牌大学里，牛津大学于1619年最早设立数学教席，在此之前教数学的只是低级讲师。而 18 世纪以前法国和德国都没有数学专业，一直到高斯（Johann Carl Friedrich Gauss，1777—1855）成为哥廷根大学的教授以后，数学专业的地位才得以提升。在欧洲只有瑞士的大学对数学的重视程度很高，巴塞尔大学很早就设置了数学教席和数学专业，并且引以为荣。也是基于这个原因，后面会提到的欧洲数学家，大多都在大学上过课，但是很少有在大学教过书。

欧洲自然科学和数学真正的发展依托于各种学会，其中以意大利的学会发展得最好。早在 1506 年，最早指出光的热效应的意大利物理学家和哲学家波尔塔（Giambattista della Porta，1535—1615）就成立了自然秘密研究院，定期组织学者们交流，研究院被认为是非法组织，于是被教廷勒令关闭。1610 年，75 岁高龄的波尔塔又参与了罗马山猫学会的创建，以此命名的原因是山猫的眼睛特别明亮，象征着自然科学家们的探索精神。该学会最多时有 32 名成员，伽利略就是其中之一。山猫学会于 1651 年关闭，19 世纪 70 年代，意大利重建该机构，并将其提升为国家级文学和科技研究所。

1657 年，佛罗伦萨的西芒托学院创建，发起人是伽利略的两名学生博雷利（Giovanni Alfonso Borelli，1608—1679）和维维亚尼（Vincenzo Viviani，1622—1703），博雷利通过显微镜研究了植物的气孔运动，被称为"生物力学之父"，而维维亚尼是气压计的发明者之一。西芒托学院获得了美第奇家族[1]的赞助，使他们汇聚了当时的一批顶级学者，并且合作出版了一批学术书籍。

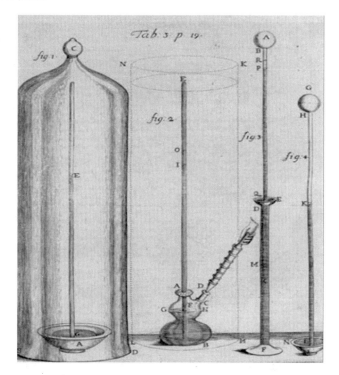

西芒托学院出版的《智者》中描绘的科学仪器

也是从 17 世纪开始，欧洲其他国家也出现了类似的学会，法国的首个学会是 1626 年的梅森学院，1666 年正式更名为巴黎科学院。德国的首个学会是 1622 年的自然科学研究学会，由生物学家容吉乌斯（Joachim

---

1　佛罗伦萨 15 世纪至 18 世纪中期在欧洲拥有强大势力的名门望族。

Jungius，1587—1657）在罗斯托克大学里创办，但是并没有持续多久。之后也陆续出现过一些学会，但影响都不大。这也激发了德国人的斗志，最终在莱布尼茨的努力下，于 1700 年创建了柏林科学院，日后量子力学的创始人——1918 年度诺贝尔物理学奖获得者普朗克（Max Karl Ernst Ludwig Planck，1858—1947）、1944 年度诺贝尔化学奖获得者奥托·哈恩（Otto Hahn，1879—1968）和爱因斯坦（Albert Einstein，1879—1955）都曾在此就职。

英国最早的学会起源于一个社团。1645 年，同时担任过剑桥大学和牛津大学院长的威尔金斯（John Wilkins，1614—1672）经常和几位朋友一起讨论自然科学问题。不久之后，这个小团体因为相距太远被拆分成了"伦敦学会"与"牛津学会"两部分，其中牛津学者更多，所以规模也更大。1662 年 7 月 15 日，在原有团体的基础上，国王特许成立了伦敦皇家学会，在 1663 年 4 月 23 日指明国王为成立人，并授予正式名称"伦敦皇家自然知识促进学会"，简称皇家学会，并确认每一任的君主都是皇家学会的保护人。

皇家学会的名字很有趣，其全称"伦敦皇家自然知识促进学会"的英文是 Royal Society of London for the Improvement of Natural Knowledge。这个名字里使用的是 Natural Knowledge，而没有使用 Science。因为当时还没有 Science 这个单词，科学家普遍被称为"自然哲学家"（Natural Philosopher）或"哲学家"（Philosopher），一直到 19 世纪人们才开始称呼自然科学为 Science，这也是现在欧美的博士全称是哲学博士（Doctor of Philosophy）的原因。

这些早期的学会对万物的本质还不甚了解，有些研究内容在现在看来多少有些滑稽。比如，当时有人研究治疗刀伤药可以用未能入土的死者的脑袋上长出来的青苔，药还不是涂在伤口上，而是刀上；爱尔兰的罗伯特·波义耳（Robert Boyle，1627—1691）认为治疗白内障最好的办法是往眼睛里吹排泄物的粉末；皇家学会还建立了一个博物馆，里面有从妇女子宫里取出的半英寸长的牙齿和尿液中发现的骨头。

可想而知当时的学术环境，学者们就是在这些垃圾信息里辨别到底什么才是真正有价值的信息。

17 世纪后，欧洲自然科学取得了突飞猛进的发展，大学和学会均起到了至关重要的作用，大学提供了人才培养的平台，而学会提供了学术交流的平台。

第三节　亚洲数学的发展和代数

当欧洲的自然科学发展停滞时，世界上其他地区的人并没有在一旁看热闹。

此时，近东地区的数学水平取得了突飞猛进的发展，甚至在一些较小的国家也出现了极为优秀的数学家。比如，亚美尼亚的阿纳尼亚·希拉卡齐（Ananias of Shirak atsi，610—685），他创作了一系列的数学教材，在当时的亚美尼亚广泛使用，教材中有大量类似以下的问题。

（1）一个商人走过三个城市。第一个城市向他征收的关税是他财产的一半又三分之一，在第二个城市，他缴纳了剩下的一半又三分之一，在第三个城市，他再一次缴纳剩下的一半又三分之一。当他回家时，还剩下11达黑更（货币单位）。请你思考一下，商人最初有多少达黑更？

（2）雅典城里有个小水池，水池里安装三根管子。其中一根管子1小时可以灌满水池，另一根管子较细，要2小时才能灌满水池。第三根水管更细，灌满水池要3小时。请问，三根水管一起开放，灌满水池需要多少时间？

这两道题目看起来仅有现在的小学数学难度，但在当时，其难度水平却和本书第三章提到的阿尔昆的著作相当，而阿尔昆著作的出现比阿纳尼亚的著作晚了一个世纪。由此可见，这一时期的亚美尼亚的数学水平很可能已经领先于整个欧洲大陆地区。近东地区的科学水平取得了如此成就，很可能是独特的地理位置导致的。他们紧邻欧洲，一直在汲取欧洲的先进知识；他们又靠近亚洲，尤其是中国，这一时期亚美尼亚和中国的贸易交流逐渐增多，同时开始吸收中国的知识。阿纳尼亚的书中就曾用很大的篇幅介绍中国。

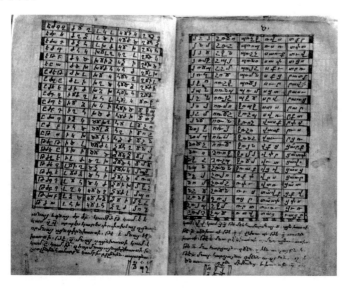

阿纳尼亚《宇宙学》手稿

彼时的阿拉伯帝国吸引了来自阿拉伯半岛的诸多小国，并组建成庞大的阿拉伯帝国。762 年，巴格达成为都城，这里临近曾作为世界文明中心的巴比伦地区。巴格达是一个多民族融合的城市，这里汇集了塔吉克人、花剌子模人、阿塞拜疆人、波斯人、古希腊人和印度人。大量其他国家的著作被翻译成阿拉伯语，并且流传颇广，以至于日后西方把很多亚洲其他国家的发现也都归为了阿拉伯人的贡献。这一时期的翻译运动保留了古希腊的文明火种，也让东西方的文化实现了第一次的大融合。

在这样的大背景下，近东地区数学史上第一位举足轻重的数学家花剌子密诞生了。

花剌子密，全名是阿布·阿卜杜拉·穆罕默德·伊本·穆萨·花剌子密（Abu Abdulloh Muhammad ibn Muso al-Xorazmiy，约780—约850），关于他生平的文字记载很少，甚至连他具体的出生年份都不确定，可以知晓的是他大概出生在当时波斯帝国的花剌子模，大概是今天的乌兹别克斯坦地区。

花剌子密一生共有两本影响力极大的数学著作，一本是在 825 年写成的《印度数字算术》（*On the Calculation with Hindu Numerals*），该书推动了日后阿拉伯数字在欧洲的使用。尽管这套数字系统是由印度人发明的，来源于印度人的婆罗米数字，但著作是以阿拉伯语写作的。《印度数字算术》被翻译成拉丁语时，印度人的发明被忽略了，最终被误当成了"阿拉伯数字"。

该书的拉丁语名为"Algoritmi de numero Indorum"，其中 Algoritmi 是花剌子密的名字 al-Khwarizmi 的拉丁语拼法，而 Algoritmi 就是现在程序员们十分熟悉的算法（Algorithm）一词的词源。这里有个题外话，中国唐代时，印度裔占星师瞿昙悉达于718年为中国引进了印度数字，但是由于彼时的中国已经采用了算筹，所以并没有接纳印度数字。

830年，花剌子密完成了一部让自己名垂青史的巨著《代数》（*Algebra*）。"代数"一词是由书中一个描述基本运算方式引申而来，书中称其为 al–jabr（还原），指把被减项移到方程式的另一边。此外，花剌子密还使用了一个名为 muqabalah（平衡）的词，意思是消去方程式两边的同类项。

那么，究竟什么是代数呢？

标准的解释是："代数是研究数、数量、关系、结构与代数方程（组）的通用解法及其性质的数学分支"。最容易看懂的是，代数式里会有未知变量，如 x。求 x 就是解代数式的过程。代数的发展一般认为经历了三个阶段：第一个阶段是文字描述数学，花剌子密的时代使用的依然是这一方式；第二个阶段是进入中世纪后的一个阶段，此时使用的是简写；第三个阶段是大约16世纪后的一个阶段，此时开始大规模地使用符号。

《代数》被翻译成拉丁语后，书名为"Liber algebrae et almucabala"，现在英语的代数"algebra"就是从"algebrae"这个词演变来的。丢番图和花剌子密在不同的地方都会被称为"代数之父"，但在绝大多数数学史的书籍中，更倾向于将花剌子密称为"代数之父"。

书里提供了很多方程的题目，比如：$x^2 = 5x$，$\dfrac{x^2}{3} = 4x$，$5x^2 = 10x$，书中给出的答案分别是 $x = 5$，$x = 12$，$x = 2$。注意在这些解里，均没有

$x = 0$ 的情况，说明在这个时候零依然是一个模糊地带。类似的还有负数，书中回避了所有的负数解，因为当时人们对数字的理解都是几何意义上的，包括花剌子密在内，对于方程的解法也是通过几何画图来完成的，并不是日后我们熟悉的纯代数解法。虽然零和负数可以是方程的解，但是无法在几何层面解释清楚。

《代数》这本书最大的贡献是提供了一个一元二次方程的几何解法，也正是这个解法让花剌子密成为"代数之父"。他研究的方程的固定形式为 $x^2 + px + q = 0$，求根公式为 $x = -\dfrac{p}{2} \pm \sqrt{\left(\dfrac{p}{2}\right)^2 - q}$。当然，书中是几何解法，

花剌子密《代数》的一页

这个公式是我们按照现在的代数方法推导出来的。

但直到几百年后，这本书才被引进到欧洲，那时的欧洲已经不再关注科学，自然对引进阿拉伯语的书籍缺乏兴趣。但在《代数》被引进后，欧洲一直将这本书作为教材和重要的参考书。

读者朋友们是否会觉得，出了花剌子密这样一位优秀的数学家，巴格达后续会诞生一大批数学家呢？

实际情况是，对数学的一腔热情抵不过残酷的现实。在那个动乱的时代，巴格达并没能诞生光辉的文化现象。1055 年，巴格达被土耳其人征服。1258 年，巴格达又被蒙古征服者——成吉思汗的孙子旭烈兀（Hülegü Khan，1217—1265）彻底毁坏，阿拉伯帝国的阿拔斯王朝正式灭亡。之后，旭烈兀一路向西，一直到其兄蒙哥暴毙后，埃及的军队在大马士革南方大败蒙古军，这才结束了蒙古的第三次西征。这次西征导致整个阿拉伯地区遭受了毁灭性打击，但也在一定程度上促进了欧洲、阿拉伯地区和中国的文化融合。

除近东地区以外，印度还出现了另一位优秀的数学家婆什迦罗（Bhāskara，1114—1185）。婆什迦罗和此前印度的数学家一样，依然有着对于零的思考。他曾经提到过："被除数为 3，除数为 0。商为分数 3/0。这个分母为零的分数，被称为一个无穷大量。"[1] 这段叙述中提到了零和无穷大两个非常重要的概念，但是他并没有进一步进行足够的思考。婆什迦罗的很

1　卡尔·B. 博耶. 数学史 [M]. 修订版. 北京：中央编译出版社,2012: 246.

多内容都有着类似的情况，距离伟大的突破只有一步之遥。比如，婆什迦罗在解方程 $x^2 - 45x = 250$ 时，给出了两个答案分别是 50 和 -5，但他认为负数并不是一个适合的答案。

关于婆什迦罗有一个非常有趣的故事，但这个故事和数学没有直接关系。婆什迦罗信仰占星，他算出了女儿出嫁时的一个特殊的时间，如果不在这个时间结婚，那么女儿的丈夫会在婚后不久死去。女儿出嫁那天，在弯腰看水钟的时候，头上的珍珠不小心掉了下来，堵住了水流，导致错过了最佳的结婚时间。婚后没多久，女儿的丈夫真的死了。为了安慰女儿，婆什迦罗把自己的数学著作以女儿的名字来命名，叫作《丽罗娃提》（ *Lilavati* ）。这本书中有一些很惊艳的内容。比如，提供了在 $x^2 = 1 + py^2$ 中，p 等于 8、11、32、61 和 67 这五种特殊情况的解，其中一些解的数字很大，究竟是如何计算出结果的，无人知晓。

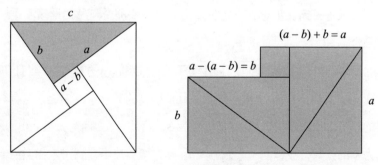

婆什迦罗还提供了一个毕达哥拉斯定理的证明方法

　　塔尔塔利亚获胜后，全欧洲都知道这个人可以解一元三次方程，但是塔尔塔利亚并没有选择把方法发表出来，而是选择继续与人打擂台，因为通过这样的方式，他能为自己赚取更多的金钱和名声。在当时的欧洲，很多数学家选择了类似的道路。

04 **天才的世纪**

第一节　天才世纪前的故事

英国数学家阿弗列·怀特海（Alfred North Whitehead，1861—1947）曾说过，在世界文明史上，17世纪是一个"天才的世纪"。因为在这一百年里，诞生了哥白尼、开普勒、纳皮尔、费马、惠更斯、莱布尼茨、牛顿、笛卡尔、帕斯卡等闪耀的群星。

我们的故事要从更早之前开始。15世纪是一个复苏的世纪：一是人们已经逐渐走出了黑死病的阴霾，人口逐渐增多，社会活动也变得丰富起来；二是伴随着1453年君士坦丁堡的陷落，拜占庭帝国垮台，一大批难民带着古希腊的手稿逃往意大利，让此时的欧洲人接触到了古希腊的珍贵资料；三是西欧出现了印刷书籍，知识被大量复制，人们重新开始阅读。这期间有大量古希腊和阿拉伯语的内容被翻译成拉丁语，这使得欧洲人的阅读变得更为便利。这是继巴比伦人的翻译运动后又一场重要的运动，有很多史学家认为，这两次翻译运动是人类文明史上最重要的两次文化交融。当然，这里可能很多人会好奇，为什么是拉丁语，而不是英语呢？在当时的欧洲，拉丁语接近官方语言，类似于中国古代的文言文，正规的文献都采用拉丁文书写，只要接受过教育的人就有阅读拉丁语的能力。

这一系列的进步带来了一场遍及欧洲的思想文化运动——文艺复兴（Renaissance）。文艺复兴发生在 14—16 世纪，最早出现在意大利，后传播至全欧洲。文艺复兴涉及文学、哲学、艺术、政治、科学、宗教等诸多知识探索领域。当然，这其中也包括数学。

米开朗琪罗的大卫像——文艺复兴时期最重要的成果之一

文艺复兴初期，德国和意大利涌现了大批数学家，但大多成果有限，直到法国数学家尼古拉·许凯（Nicolab Chuquet，1445/1455—1488/1500）《算术三篇》（*Triparty en la science des nombres*）的出现。关于尼古拉·许凯的生平并没有任何记载，我们唯一可知的只是他出生在法国巴黎，并持有医生执照。《算术三篇》这本书提供了很多有价值的内容。书中首先介绍了阿拉伯数字和零，提道："第十个数字没有值，或者说不表示值的意思，因此，它被称作零、无或者无值数。"[1] 同时，书中还讲解了大量与代数有关的内容。这本书最大的亮点是使用 plus（加）与 minus（减）之首字母 p 和 m 分别作为加号和减号。在此之前，关于加号和减号的表达方式非常多样，有的纯粹通过文字表达，也有的通过一些怪异的方式，比如，两个数字离得近一些就表示加，离得远一些就表示减。很多知名数学家都会在自己的著作里定义一套自己的表达方式，但大多都没考虑到表达方式的便捷性，极大地增加了阅读成本。所以当时许凯想到简化表达，并且用简洁易读的 p 和 m 表示，已经是相当大的进步了，在许凯之后也有一些数学家采用了这一形式。

　　除此之外，本书的内容没有太多创新，大部分是汇编前人的知识，这本书在当时并没有太大的影响力。但《算术三篇》的留存，让现在的数学史学者得以一窥当时社会普遍的数学水平，有极高的史料价值。

　　《算术三篇》出版大约十年后，另外一部更重要的数学著作诞生了，

1　卡尔·B. 博耶 . 数学史 [M]. 修订版 . 北京 : 中央编译出版社 ,2012: 304.

名为《算术、几何、比及比例概要》(*Summade arithmetica, Geometria, Proportioni et proportionalita*)，作者是修道士卢卡·帕丘利（Luca Pacioli，1445—1514）。书中涉及算术、代数以及非常初级的欧氏几何知识。《算术、几何、比及比例概要》沿用了《算术三篇》中采用 p 和 m 分别指代加号和减号的方式，并使用 co、ce 和 ae 分别代表 cosa（未知数）、censo（未知数的平方）和 aequalis（相等）。当然，这本书同样缺乏学术价值，也并没有太多的内容创新，更多的只是对当时的知识进行整理和总结。

卢卡·帕丘利，雅各布·德巴尔巴里绘画。值得一提的是，这张肖像是对着作者本人绘出的，在此之前本书援引的所有肖像都是靠文字内容想象绘制的

与该书不同的是，作者卢卡·帕丘利却十分知名，他创造和推广了复式记账法，所以被认为是"会计学之父"；另外，他还是达·芬奇（Leonardo da Vinci，1452—1519）的挚友。卢卡·帕丘利的《神圣的比例》（*De Divina Proportione*）一书，就是由达·芬奇为其绘制的插图，这或许是从古至今，插画师影响力最大的一本数学书了。

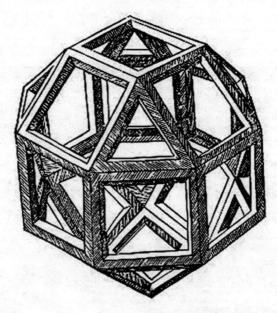

达·芬奇为《神圣的比例》所绘的菱方八面体

　　数学领域的下一次重大突破并没有让大家等太久。德国莱比锡的一位讲师约翰内斯·魏德曼（J.Widman，1460—？）出版了一本名为《商业算术》（*Rechnung uff allen Kauffmanschafften*）的书。书中第一次出现了我们现在熟悉的加号（＋）和减号（－），也就是说，我们在幼儿园时期就认识的加减号，其实直到 15 世纪才第一次出现。起初 ＋ 和 － 表示的也并不是加和减的意思，＋ 最初表示超过了，而 － 则表示不足，它们都是记账用的符号。这也是我们阅读数学史最有趣的地方。早在公元前，人们就已经开始研究几何，但我们现代人认为最基础的符号，却是在 2000 多年后才出现的。当时的德国，短时间内涌现出一大批数学作家和一些颇有影响力的著作。这些作家逐渐开始采用 ＋ 和 － 的表达符号，以此为契机，这个符号推广到了全欧洲。而德国人在设计符号这件事上仿佛很有心得，数学领域的符号大多都与德国人有关。

第二节　二次方程、三次方程和数学符号

　　各个国家，或多或少都出现了一些一元二次方程特定情况的解法，尤其在花剌子密的著作被翻译到欧洲后，数学家们已经揭开了一元二次方程的面纱，但一元三次方程却一直是一团迷雾。围绕着一元三次方程展开的故事，堪称数学史上的一部宫斗剧。

　　在丢番图时代，包括中国古代的《九章算术》在内，都有记载过一元三次方程的内容，在之后的数学书籍中也偶有出现，但都没人能给出解法。前文提到的卢卡·帕丘利曾经笃定地表示过，一元三次方程是不可解的。但在他说完这句话后没过几年，就有人解出了一元三次方程，狠狠地"打了他的脸"。

　　故事的主角是博洛尼亚大学的数学教授希皮奥内·费罗（Scipione del Ferro，约 1465—1526），他在世时其实并没有太大的影响力。他生前发现了一元三次方程的解法，却并没有发表，只是在临死前，告诉了自己的一个学生。这个学生虽然在数学领域没有过任何成就，但他清楚一元三次方程的解法是一个重大发现，所以开始四处宣扬自己掌握了一元三次方程的解法。这件事激怒了另一个人——尼科洛·塔尔塔利亚（Niccolò Tartaglia，

约 1500—1557），塔尔塔利亚的原名叫尼科洛·丰坦纳，由于他曾经在战争中受过伤，导致之后说话有问题，所以大家就叫他结巴。"塔尔塔利亚"正是结巴的意思，他自己也接受了这个名字，并且很多文章都是用这个名字发表的。塔尔塔利亚一直潜心研究一元三次方程的解法，和这个学生进行了一场"华山论剑"：他们为对方出 30 道题，看对方能不能做出来。然而，这个学生出现了一个非常大的失误，他的题目设置过于简单，都是一些自己会解的题目，塔尔塔利亚大概早就知道在费罗的解法里，方程里不能有二次项，全部是同一类的，满足 $x^3 + px + q = 0$ 的形式。但塔尔塔利亚会的也都是固定形式，全是 $x^3 + x^2 + q = 0$ 的形式，就是有二次项的。

NICOLAVS TARTAGLIA,
BRIXIANVS.

Diuitias patriæ cumulat Tartaglia linguæ,
Euclidem Etrusco dum docet ore loqui.
Hic certam tractare dedit tormenta per artem,
Et tonitru, & damnis æmula fulmineis.

塔尔塔利亚画像

这个学生拿到题目后，清楚自己是不会解的，但他认为塔尔塔利亚也无法解出，所以这场比赛大概率会打平。塔尔塔利亚在当时是知名数学家，而自己是无名之辈，所以和塔尔塔利亚打平自己也是赚的。塔尔塔利亚并不是凭借这一个公式出名的，他研究过动力学和运动学的数学表达方式，直接影响了日后伽利略的工作。他还写过一本《论数字与度量》(*General trattato di Numeri et Misure*) 的书，包含了大量数值计算、几何学和初等数学的内容，被称为 16 世纪欧洲最佳数学著作。

出乎意料的是，塔尔塔利亚经过一番努力，最终做出了全部的题目，宣告自己获胜。也就是说塔尔塔利亚在当时已经研究出了两种解法。

塔尔塔利亚获胜后，全欧洲都知道这个人可以解一元三次方程，但是塔尔塔利亚并没有选择把方法发表出来，而是选择继续与人打擂台，因为通过这样的方式他能为自己赚取更多的金钱和名声。在当时的欧洲，很多数学家选择了类似的道路。

这时，一位名为吉罗拉莫·卡尔达诺 (Girolamo Cardano，1501—1576) 的医生找到了塔尔塔利亚，希望塔尔塔利亚可以告知解法。卡尔达诺是达·芬奇一位律师朋友的私生子，在当时颇有社会地位，曾经为大主教看过病，还曾担任英国国王爱德华六世的御医，同时还是一位知名的作家。卡尔达诺一生写过 200 多本书，涵盖了数学、哲学、物理学和医学众多领域，甚至包括炼金术和占星术。他还研究把数学应用在赌博上，是最早研究概率论的学者之一。在卡尔达诺的多次拜访和利诱下，塔尔塔利亚最终告知了解法，但是他也让卡尔达诺发下毒誓，决不能泄露出去。

　　卡尔达诺有一位名为卢多维科·费拉里（Ludovico Ferrari，1522—1565）的学生，他在数学上的造诣要高于卡尔达诺。从卡尔达诺那里知道了塔尔塔利亚的解法后，他们一起研究出了所有一元三次方程的解法，也就是通解。之后，两人并没有信守承诺，1545年，卡尔达诺用自己的名字出版了《大术》（Ars Magna）一书，书中介绍了不完全三次方程的解法。他之所以敢这么干，是因为找到了费罗的手稿，并且手稿里几乎已经完成了通解的解法，卡尔达诺声称塔尔塔利亚也是从费罗这里学来的，所以对塔尔塔利亚的发誓就不作数了。

　　关于《大术》一书有个题外话。读者朋友们还记得前文提到过，当时的数学家普遍不接受负数，但在《大术》这本书里，卡尔达诺对负数的态度十分暧昧，在某些情况下提到了负数解，在某些情况下又死不承认负数解。

　　当时的塔尔塔利亚正在翻译和注释几何原本，这本横空出世的《大术》直接激怒了他。于是，在1546年，塔尔塔利亚出版了一部题为《各种问题和发明》（Quesiti et Inventioni Diverse）的著作，其中记录了他发明三次方程解法的过程，以及和几人交流的记录，并且在书中直接攻击了卡尔达诺。卡尔达诺一直没有回应，但是费拉里和塔尔塔利亚通过书信争吵了一年多，两人还约过一场做题比试。比试是在1548年8月10日的米兰大教堂附近，但最终比试变成了骂仗，塔尔塔利亚说费拉里的解答有错误，而费拉里说塔尔塔利亚的题目有的根本不能解。双方越吵越急，塔尔塔利亚一气之下离开了。最终，因为塔尔塔利亚没参加第二天的比赛，费拉里直接获胜，塔尔塔利亚直到离世都生活在怨恨中。

卡尔达诺的下场也并不好，他的小儿子因杀妻被判处死刑，女儿沦为妓女后死于梅毒，而大儿子是个赌徒。最终，他因为推算耶稣的出生星位而被判入狱，作为证人的正是那个赌徒大儿子。

卡尔达诺画像

卡尔达诺的《大术》中谈到了四次方程的解法，但也明确指出了这一解法是来自费拉里的研究。书中列举了 20 种不同类型的四次方程，他的解法至今仍被作为代数方程的标准解法。有兴趣的读者朋友可以搜索一下这个求根公式，其复杂程度让人难以想象最初竟是用纸笔推导出来的。

说完一元三次和四次方程，我们还要说回一元二次方程。为一元二次方程解法盖棺定论的数学家是韦达。

弗朗索瓦·韦达（François Viète，1540—1603）是当时法国最为知名的数学家，但是，他的主业其实并不是数学研究，他是一名律师。韦达首先解决了一个困扰人们一千多年的问题。前文提到过，阿基米德使用了内接和外切多边形的方法来计算更精确的 π 的值，但多边形的边越多，这个方法就越受限于计算能力，所以人们一直无法获得一个更加精准的 π 值。韦达在 1593 年发现了一个公式，可以用于计算 π 的数值，即

$$\frac{2}{\pi} = \frac{\sqrt{2}}{2} \cdot \frac{\sqrt{2+\sqrt{2}}}{2} \cdot \frac{\sqrt{2+\sqrt{2+\sqrt{2}}}}{2} \cdots$$

但由于当时开根号的计算难度极大，根本的问题并没有得到解决。一直到 1655 年，英国数学家约翰·沃利斯（John Wallis，1616—1703）发现了沃利斯公式，才算获得了一个比较容易的计算 π 值的方法：

$$\prod_{n=1}^{\infty} \frac{2n}{2n-1} \cdot \frac{2n}{2n+1} = \frac{2}{1} \cdot \frac{2}{3} \cdot \frac{4}{3} \cdot \frac{4}{5} \cdot \frac{6}{5} \cdot \frac{6}{7} \cdot \frac{8}{7} \cdot \frac{8}{9} \cdots = \frac{\pi}{2}$$。这个公式并不需要开方，在没有计算机的时代，只要投入时间，也可以计算出更为精确的 π 值。

除 π 值外，两人也均有足以在数学史上留名的发现。比如，我国中考必考的一元二次方程的韦达定理，就是韦达提出的，他指出了多项式方程根与系数的关系。此外，约翰·沃利斯也确认了幂的表示方法，但与我们

现在所说的幂略有不同。

一元二次方程下的韦达定理内容如下：设 x_1，x_2 为一元二次方程 $ax^2 + bx + c = 0$ 的两个根，则 $ax^2 + bx + c = a(x - x_1)(x - x_2) = ax^2 - a(x_1 + x_2)x + ax_1 x_2$，有 $x_1 + x_2 = -\dfrac{b}{a}$，$x_1 x_2 = \dfrac{c}{a}$。也可以直接套用公式 $x_1 = \dfrac{-b + \sqrt{b^2 - 4ac}}{2a}$，$x_2 = \dfrac{-b - \sqrt{b^2 - 4ac}}{2a}$。也可以将其证明为：$x_1 + x_2 = \dfrac{-b + \sqrt{b^2 - 4ac} + (-b) - \sqrt{b^2 - 4ac}}{2a} = -\dfrac{b}{a}$，$x_1 x_2 = \dfrac{(-b + \sqrt{b^2 - 4ac})(-b - \sqrt{b^2 - 4ac})}{(2a)^2} = \dfrac{c}{a}$。同样一元二次方程下的韦达定理的逆定理也可以直接使用：给定一元二次方程 $ax^2 + bx + c = 0$，如果存在两个数 x_1，x_2 满足 $x_1 + x_2 = -\dfrac{b}{a}$ 和 $x_1 x_2 = \dfrac{c}{a}$，则 x_1, x_2 就是 $ax^2 + bx + c = 0$ 的两个根。

此外，韦达在三角学上还颇有建树。比如，他提出了正切定理 $\dfrac{a - b}{a + b} = \dfrac{\tan\dfrac{\alpha - \beta}{2}}{\tan\dfrac{\alpha + \beta}{2}}$。

除方程求解和正切定理的成就外，韦达还尝试发明一个符号分割整数和小数部分，他曾用粗体字表现整数，以区分小数，还用竖线分割整数和小数。但是真正开始使用小数点，是在不久以后。约翰内斯·开普勒（Johannes Kepler，1572—1630）的两位朋友 G.A. 马吉尼（Giovanni Antonio Magini，1555—1617）和于克里斯托弗·克拉维乌斯（Christoph Clavius，1537—1612）先后使用了小数点。再后来随着苏格兰数学家纳皮尔（John Napier，1550—1617）的正式使用，才逐渐让小数点推广开来。当然，纳皮尔在当时还发明了对数。1614 年，纳皮尔出版过一本名为《奇妙的对数表的描述》（*Mirifici Logarithmorum Canonis Descriptio*）的小书，这本 90 页的小书记述了与对数有关的多种用法，是当时热门的畅销书，数学家和天文学家几乎人手一本。

韦达的很多发明都与我们现在的数学内容有关，韦达是最早提出用固定的英文字母表达特殊代数变量的人。他当时提出的是用元音字母表达未知量，用辅音字母表达已知量。这个方法也使用过一段时间，但是欧拉觉得区分起来有点困难，所以改成用 a、b、c 这样的顺序字母表达已知量，而用 x、y、z 表达未知量。我们现在沿用的就是欧拉的做法。

那些年，人们逐渐意识到，纯粹用文字表示数学是十分落后且不方便的，于是大量的符号应运而生。比如，英国天文学家、数学家托马斯·哈里奥特（Thomas Harriot，1560—1621）率先使用了大于号（>）和小于号（<）。而英国数学家威廉·奥特雷德（William Qughtred，1575—1660）发明了一系列符号，最为大家熟悉的是乘号（×）。值得注意的是，这个 × 既不是字母，也不是叉，而是圣安德烈十字，耶稣的门徒安德烈就是被钉死在这样的十字架上，苏格兰国旗上的十字也是这样的圣安德烈十字。关于使用十字架的原因大概来自加号（+）和减号（−）。关于这两个符号的起源一直存在争议，其中有个说法是，+ 是耶稣基督的十字架，而 − 是耶稣门徒之一斐理伯的十字架，他的十字架就是一个横着的。乘号也选择使

用十字架，可能是一种呼应。

苏格兰的国旗就是圣安德烈十字，也就是乘号

但其实，此后乘法的表示符号并不是一直使用圣安德烈十字。德国的莱布尼茨就非常反对这个符号，因为该符号容易和字母 x 搞混，所以莱布尼茨是使用一个点来表示乘法，即便在今天，依然有很多人使用点来表示乘法。另外一个现在很常见的表示乘法的符号是 * 号，很多人可能认为这是计算机时代特有的，但实际上早在 17 世纪，就有德国人这样使用了，只不过一直不是主流。

斐理伯十字

威廉·奥特雷德是一个非常出色的符号发明家，他用 cos 和 cot 来表示余弦函数和余切函数，他还最早使用了 π 这个符号，但是在当时，π 指的是圆的周长。这些符号能保存下来多少有些侥幸的成分，奥特雷德一度觉得这个世界不值得拥有他的知识，所以曾一把火烧掉了所有的论文，只有少部分内容保存了下来。

最后一个常用运算符号——除号的广泛使用其实非常晚，我们现在所熟悉的除号（÷）在很长时间里是被当作减号使用的。一直到 1659 年，瑞士学者约翰·海因里希·雷恩（Johann Heinrich lambert，1728—1777）才第一次把这个符号用作除号，但在当时没有普及。那时莱布尼茨使用冒号（：）作为除号，后来一部分数学家沿用了莱布尼茨的符号，之后这两个符号便一直同时存在。进入 20 世纪后，还有过一次更为激进的变革。当时美国数学协会建议把这两个符号都删掉，统一使用分数表示，当然这个提议最终没有通过。自此之后，人们逐渐开始倾向于使用 ÷ 作为除号，但一直到现在，也还存在一些国家用：作为除号。

等号（＝）的应用也非常曲折，一开始人们更多地使用文字来描述等于，后面开始使用空格和各种奇怪的符号来表示，如长破折号。最早使用等号的是英国数学家雷科德（Robert Recorde，约 1510—1558），所以现在的等号也叫雷科德符号，不过在当时并没有被普遍采用。而笛卡尔曾经使用等号表示"加"和"减"的意思，真正意义上让等号得到推广的是莱布尼茨，在他使用后，人们才开始普遍采用。

说回天才世纪，我们称 17 世纪为天才的世纪。在那个世纪，天文学领域的一次突飞猛进的发展让一大批科学家取得了辉煌的成就，而那次超越前人的重大突破，便是日心说的诞生。

第三节　日心说和天文学

我们现在都知道，太阳是太阳系的中心，这一学说被称为日心说。但在此之前，人们都认为地球才是宇宙的中心，也就是地心说。地心说的观点来自一位古希腊学者，名为托勒密[1]。

克劳狄乌斯·托勒密生平留下的记录不多，但是可以确定他是希腊裔的罗马公民，生活在亚历山大。托勒密发表过很重要的结论，其中最重要的就是持续近 1400 年的地心说。托勒密的地心说提出了以地球为中心的宇宙模型，也被称为托勒密系统（Ptolemaic system）。

托勒密最著名的一本书叫《天文学大成》（*Almagestum*），地心说就是在这本书里提到的，书中提出了恒星和行星的复杂运动路径。欧洲和近东地区一直以这本书为天文学的原本。当然我们现在反对托勒密也多少有些不食肉糜，在他的那个时代，能够成功观测天地并得出这种结论已经非常优秀了，更何况如果按照相对运动看，他的模型并不完全是错误的，所以才能屹立千年不倒。

1　不是前文所述的国王托勒密一世。

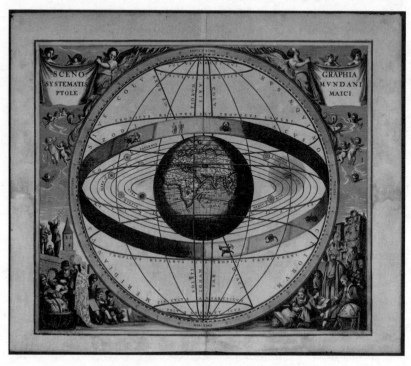

以地球为中心的太阳和行星运动轨迹

在地心说确立后上千年的时间里，陆陆续续有很多人对其发起过挑战。比如，有人就提过，水星和金星是围绕太阳的，而太阳是围绕地球的。这样在绘制行星运动轨迹时会容易很多。但很少有人质疑过地球是宇宙中心这件事，更没有一人像哥白尼这样发起如此有力的挑战。尼古拉·哥白尼（Nicolaus Copernicus，1473—1543）是文艺复兴时期波兰的数学家、天文学家，其一生最大的贡献就是提出了日心说。

哥白尼出身商人家庭，富裕的家庭环境让他可以接受最好的教育——不要低估家庭富裕的重要性，本书所提到的所有数学家，几乎都成长在有一定实力的家庭，有的家庭有权势，有的家庭经济富足，也有的出身于数学世家。20世纪以前，如果你的家庭不能满足上述条件之一，那么你可能一生都很难接触到数学，更别提成为数学家了。

哥白尼画像

1491年，哥白尼进入克拉科夫市雅盖隆大学学习，在这里他第一次接触到天文学。之后他又前往意大利，先后在博洛尼亚大学和帕多瓦大学求学。哥白尼在上学时就意识到一个问题，当时关于天体运动的模型过于复杂，而只要稍作调整，把太阳作为中心，其他行星围绕太阳运转，好像解释很多事情就更方便了。那个年代的人们最疑惑的是，虽然大家找到了观测行星的规律，但是这些行星为什么会时不时改变方向，时不时出现又消失呢？哥白尼很简单地解释了这个问题，因为我们是站在地球上观测的，而行星是绕着太阳旋转的。行星经过地球时看起来轨道改变了，但如果我们能俯视太阳系，可能就会是另外一番景象。

不过，当时的哥白尼陷入了严重的自我怀疑中。哥白尼是一名虔诚的教徒，父亲去世后他由舅舅抚养长大，舅舅是一名主教。在他的时代，天文学还没有与占星术分开，关于每颗星星的解读可能都涉及宗教和神秘学，稍有不慎就会身败名裂。

在古希腊时代，有一位名叫阿利斯塔克（Aristarkhos，公元前310—公元前230）的天文学家，他曾在毕达哥拉斯的观点基础上，提出过太阳是宇宙的中心。阿利斯塔克的思想非常先进，他除了提出日心说的假设以外，还提出了太阳可能距离地球十分遥远，这两个观点在当时的人们看来都是不可接受的。在看到阿利斯塔克的观点后，哥白尼意识到，或许他是对的。

所以哥白尼开始了他的研究。天文学需要观测，耗时要比数学研究长得多，哥白尼花了接近30年的时间，在1536年才完成了自己的著作《天体运行论》（ *De Revolutionibus Orbium Coelestium* ）。书中提出了太阳是宇宙中心的观点，并且提出了地球的自转。他的观点并不完全正确，因为太阳只是太阳系的中心，并不是宇宙的中心；此外，哥白尼认为行星围绕太阳作匀速圆周运动，事实上行星围绕太阳运动的轨道不是正圆，而是椭圆，运行速率也会受到它与太阳之间的距离影响。但是这些瑕疵不影响《天体运行论》真正的意义——它挑战了上千年来人们早就习以为常的观念。

哥白尼因恐惧教会的势力，并没有第一时间出版这本书。

1543 年 5 月 24 日哥白尼因脑中风辞世，在去世前，他最重要的作品《天体运行论》才得以出版。有传言说，当《天体运行论》的初版送到他床前时，他从昏迷中苏醒，抚摸着书页平静地辞世。

鲜花广场上的布鲁诺雕像

这本书在出版后并没有引起太大的轰动，甚至可以说几乎无人问津。而第一个真正让日心说进入大众视野的人是乔尔达诺·布鲁诺（Giordano

Bruno，1548—1600）。布鲁诺质疑地心说并不是基于科学推演，更多的是从哲学层面讨论的，但他使用了哥白尼的《天体运行论》作为证据。结果可想而知，布鲁诺以异端邪说罪被捕入狱，并于1600年2月17日在罗马鲜花广场被烧死。

但无论是哥白尼，还是布鲁诺，他们虽然认识到，如果太阳是中心，那么这个关于行星运动的模型就变得非常流畅，但是他们都没办法解释一个最根本的问题：为什么行星要按照轨道运行，而太阳却是不动的呢？这个问题真正被解答出来是在很多年以后。

再一次推动日心说发展的人叫第谷·布拉赫（Tycho Brahe，1546—1601）。

第谷·布拉赫是丹麦贵族，和当时的大多数天文学家相似，他熟知占星术和炼金术。第谷同样出生在一个非常富裕的贵族家庭，他不用为生计发愁，可以做自己想做的事。年轻时的第谷脾气火爆，曾经与人决斗，被人切掉了鼻子，后来他给自己做了好多鼻子。他会在不同场合佩戴不同的鼻子，也是在做鼻子的过程中，他对炼金术产生了兴趣，进而走向科学研究的道路。

第谷最大的财富是他二十多年的丹麦皇家天文台的观测数据，通过这些数据他预测了彗星的光临。当然需要指出一点是，那时候还没有天文望远镜，人们都是用肉眼观测，当时所谓的"天文台"其实就是一群人每天看星星，然后记录下来。但第谷存在一个劣势，就是他从未接受过系统的数学教育，虽掌握大量的观测数据，他却无所适从。他有过一套自己的模型，认为地心说依然是正确的，但其他行星是围绕着太阳，而太阳带着其他行星围绕着地球绕圈。

第谷·布拉赫的画像

第谷也知道自己不会计算，浪费了这些数据，于是他发掘了在数学上颇有天分的年轻人约翰内斯·开普勒（Johannes Kepler，1571—1630）。开普勒年轻时命运坎坷，他出生的村庄有数十名妇女被指控为巫女而被当众烧死，开普勒的母亲也因被指控执行巫术而被监禁，开普勒花了六年的时间为母亲申辩。他还有一位亲人被开膛破肚后分尸，尸骨被示众了十年之久。周遭的巨大冲击，导致开普勒的作品很少讨论身边的事情，或许已经对现实感到了绝望。

第谷和开普勒两人出乎意料地互补，开普勒对天文学十分感兴趣，他年轻时得过天花，造成了视力损伤，所以自己没有观测能力，于是开普勒成为第谷的助手。但两人关系并不十分融洽，一开始因为工资问题吵过架，之后又由于观念不同，第谷坚持地心说，而开普勒坚持日心说，所以两人更是经常发生口角。第谷不愿意一次性把数据全部交给开普勒，导致开普勒的研究无法顺利进行。

用开普勒命名的陨石坑

一年后，发生了一件对第谷不幸，但对开普勒和天文学幸运的事——第谷死了，还是被尿憋死的，因为肾病导致膀胱破裂而死。第谷临终前把所有的数据都交给了开普勒。

开普勒得到第谷的天文观测数据之后，就以"日心说"为假设前提进行研究。而他当时也是缺乏足够的数学储备来计算复杂的行星轨道，他阅读了其他人撰写的光学著作，发现他们几乎都引用了阿波罗尼奥斯的观点，于是开普勒找到了阿波罗尼奥斯的《圆锥曲线论》来阅读。圆锥曲线也成了天文学研究的基础之一，阿波罗尼奥斯在一千多年前种的种子终于在这一刻开花结果。此后，开普勒花了十几年时间，归纳总结出了开普勒三定律。

- 开普勒第一定律，也称为椭圆定律、轨道定律：每一个行星都沿着各自的椭圆轨道环绕着太阳，而太阳则处在椭圆的一个焦点上。
- 开普勒第二定律，也称为等面积定律：在相等时间内，太阳和运动着的行星的连线所扫过的面积都是相等的。
- 开普勒第三定律，也称为周期定律：各个行星绕太阳公转周期的平方及其椭圆轨道的半长轴的立方成正比。

即便在现在看来，这三大定律能被提出也非常伟大，因为开普勒是凭借观测数据硬生生猜出来的。开普勒三定律为日后牛顿的万有引力定律铺平了道路，反过来看，也正是牛顿证明了开普勒的伟大。

因为有了严谨的数据和分析作支撑，学界开始逐渐接受了日心说。

真正让普通大众接受日心说的是伽利略·伽利莱（Galileo Galilei，1564—1642）。

1601 年，伽利略开始观测天体，并且发现了木星卫星和太阳黑子一系列的天体现象，其中的一些观测结果支持了哥白尼的日心说。1616 年，欧洲反对哥白尼学派的声浪成为教会的主流，伽利略到罗马劝说天主教不要禁止哥白尼思想，但他被告知这种观点不可被辩护，无奈之下只能顺从。当时的欧洲，舆论主流仍然是批判哥白尼，伽利略走到风暴中央是在 1632 年，这一年他出版了《关于托勒密和哥白尼两大世界体系的对话》（ *Dialogue Concerning the Two Chief World Systems* ），这本宣扬日心说的书彻底激怒了教会。

伽利略画像

1632 年 9 月，伽利略被传唤到罗马接受审讯。宗教裁判庭判罚他必须放弃自己的观点，并处以终身监禁，同时还查抄他所有的书籍。1638 年，在审判庭管辖范围之外的荷兰，伽利略继续宣扬自己的理念。当时的天文学家大多数学水平一般，天文学著作多数是由观测数据和哲学推导出来的，而伽利略的作品是完全数学化的，其中大量使用数学公式来解释自己的观点，这让他的理论变得更有说服力。

1642 年 1 月 8 日，伽利略在一场高烧后离世。一直到 1983 年，罗马教廷终于承认，350 年前对伽利略的判罚是错误的。由于伽利略划时代的发现，爱因斯坦称他为"现代科学之父"。此外，伽利略在数学领域也颇有成就，在他的著作中，已经运用了函数思维进行计算，这很可能影响了后来的牛顿和莱布尼茨。

日心说思想的出现，是科学史上最大的革命之一。一方面让天文学家们开始以科学的态度思考地球和空间的关系，进而出现了天文学带动以物理学为代表的科学高速发展的 200 年；另一方面，也是因为人们在研究天文学时遇到了计算上的瓶颈，越来越复杂的数据让天文学家和物理学家们头痛不已，因此微积分等数学工具也应运而生，数学领域同样在飞速进步。

日心说和微积分的出现，为我们推开了通往现代社会的大门。

第四节　笛卡尔、费马和帕斯卡

日心说被提出后，人类的文明发展出现了一次飞跃，这背后数学家们起到了至关重要的作用。人们逐渐发现，数学公式遍布在宇宙的每一个角落，仿佛是一张从天而降的网，任何思想都能被数学网住。人们开始通过数学去探查造物主的规则。于是，我们开启了真正的天才世纪。

天才世纪的第一个巨人名叫笛卡尔。

1596 年，勒内·笛卡尔（René Descartes，1596—1650）出生在法国安德尔–卢瓦尔省的图赖讷拉海。1802 年 10 月 2 日，为了纪念数学家笛卡尔，图赖讷拉海更名为"拉艾笛卡尔"（La Haye–Descartes），1967 年又更名为更加简洁的"笛卡尔"，可见笛卡尔在当地人心目中有多么伟大。

笛卡尔出生于一个有些没落的贵族家庭，父亲是一名议员。笛卡尔 14 个月大时，母亲就因感染肺结核去世，笛卡尔也受到传染，导致他日后体弱多病。笛卡尔的父亲没有选择亲自养育他，而是选择了再婚，幼小的笛卡尔被直接扔给了他的外祖母。在笛卡尔的记忆中，父子二人聚少离多，不过父亲还是为笛卡尔提供了金钱上的保障，让他可以受到最好的教育。

笛卡尔画像

　　笛卡尔被大众熟知更多的是在哲学领域，被认为是现代哲学的创始人之一，他在 1641 年出版的《第一哲学沉思集》(*Meditations on First Philosophy*) 目前仍是大多数哲学系学生的必读书目。笛卡尔也是一位知名的数学家，虽然他很晚才开始学习数学。1604 年，笛卡尔进入位于拉弗莱什耶稣会的皇家大亨利学院学习，在那里他接触到了数学，但并没有产生太大的兴趣。1616 年毕业后，笛卡尔又进入普瓦捷大学学习法律，梦想成为一名律师。但他也没有做律师，而是选择了四处游历。1618 年，笛卡尔加入了荷兰军队，在军队期间，他爱上了数学，这时的笛卡尔已经 22 岁了。

据说笛卡尔热爱数学的背后还有一个故事。

笛卡尔曾经说，有三个梦改变了他的人生。第一个梦中，笛卡尔被邪恶的风从他的居所吹走；第二个梦中，他发现自己用科学的眼光看风暴，风暴就无法伤害他了；第三个梦中，他在朗诵奥索尼厄斯的诗句：我将要遵循什么样的生活道路?

之后，笛卡尔的人生道路也不是一帆风顺，26 岁时笛卡尔卖掉了父亲的所有家当，开始四处游历，并且在巴黎认识了梅森神父。不仅是笛卡尔，绝大多数的数学家都有过类似的经历，从古希腊到中世纪一直如此。当时既没有学术期刊，更没有互联网，知识分享最便捷的方法便是互相通信。由于一对一的通信效率很低，大部分人只选择与自己身份对等的人通信。所以要想学到先进的知识，必须亲自到各个国家与他人当面交流。我们观察数学史的时间轴不难发现，有时候感觉很相近的两个成果，有时往往经历了几十年，甚至上百年。

梅森神父在数学史上有着非常重要的地位，因为他在一定范围内解决了知识传播困难的问题。梅森神父全名马兰·梅森神父（Marin Mersenne，1588—1648），是法国的博学家。1626 年，梅森神父把自己在巴黎的修道室办成了科学家的聚会场所和信息交流中心，称为"梅森学院"，这也是法兰西科学院的前身。梅森神父通过梅森学院，和众多的数学家成为好友，其中包括费马、笛卡尔和帕斯卡。另外，"梅森素数"就是以梅森神父命名的，是梅森在和费马通信时发现的。梅森数是指形如 2^n-1 的数，记作 M_n。

如果一个梅森数是素数，那么它被称为梅森素数。梅森神父列出了 $n \leqslant 257$ 的梅森素数，不过他错误地包括了不是梅森素数的 M_{67} 和 M_{257}，遗漏了 M_{61}、M_{89} 和 M_{107}。截至本书出版，人类发现的最大梅森素数是 $M_{82589933}$。2017 年，第 50 个梅森素数诞生后，日本一家出版社出版过一本 719 页的书，名为《2017 年最大的素数》，全书只有一个数，就是第 50 个梅森素数。

直到十年后，也就是笛卡尔 32 岁时，他还是没有发表任何内容。但他意识到，自己必须做点什么。于是他开始深入研究哲学和数学，其间还研究过物理学、医学、天文学和气象学。笛卡尔写了两本书，希望可以解释某些自然现象。其中一本书名为《世界》(*The World*)，里面讲述了他心目中地动说的假设，他本打算把书稿寄给梅森神父，但是这时伽利略被监禁，关于自然现象的解说都被认为是异端邪说，最终笛卡尔放弃了，书稿直到他去世后才得以出版。此后，笛卡尔开始大量出版书籍，以哲学内容为主，也有少量数学相关的内容。但这不多的数学内容，已然创造出了一片全新的天地。

笛卡尔在数学上最大的成就是创立了解析几何，甚至解析几何这个学科一开始就被叫作笛卡尔几何。在中学时，解析几何的定义一般为：采用数值的方法来定义几何形状，并从中提取数值的信息。简而言之，就是把代数和几何问题整合，让几何问题都可以归纳为代数问题。学生最熟悉的就是笛卡尔坐标系，也被称为直角坐标系。在笛卡尔坐标系里，几何形状可以用代数公式明确地表达出来。古希腊的三大问题能够得到证明，就是建立在解析几何的基础上，有了解析几何才可以把几何问题转化成代数问题。此外，当我们可以在坐标系中表示圆锥曲线后，很多与运动相关的问题变得也能用数学方法解释了，下表里就是我们上学时都学过的几种圆锥曲线对应的方程。

圆锥曲线	方程
圆	$x^2 + y^2 = a^2$
椭圆	$\dfrac{x^2}{a^2} + \dfrac{y^2}{b^2} = 1$
抛物线	$y^2 = 4ax$
双曲线	$\dfrac{x^2}{a^2} - \dfrac{y^2}{b^2} = 1$

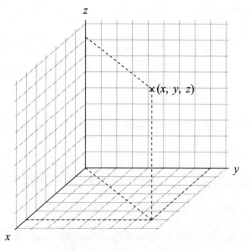

三维下的笛卡尔坐标系

不过，笛卡尔那个时代的坐标系和现在有些不同。就像前文无数次提到过的，以前的人们不接受负数的概念，所以笛卡尔的坐标系一开始是没有负坐标的，也就是所有坐标都在第一象限。笛卡尔在一定程度上接受了负数，这在当时已经算是较为先进的，但这还远远不够。解析几何被接受其实经历了一个很漫长的过程，一开始的数学家们不接受把代数和几何放在一起考虑，认为这种思路是歪门邪道，哪怕是自己都在应用解析几何的牛顿，也持有反对观点。牛顿认为：方程是算数计算的表达式，它在几何里，除了表示真正的几何量（线、面、立体、比例）间的相等关系以外，是没有地位的。近来把乘、除和同类的计算法引入几何，是轻率的而且是违反这一科学基本原则的……因此这两门科学不容混淆，近代人混淆了它们，就失去了简单性，而这个简单性正是几何的一切优点所在。

　　笛卡尔还有很多其他的成就，比如，推广了开方的符号，也就是 $\sqrt{}$ 。这个符号并不是他发明的，实际发明者现在无法考证，但是欧拉推测过这个符号应该是 radix 一词首字母 r 的变形。在笛卡尔之前，开根号的符号有至少十几种用法，而在笛卡尔使用后，现在的开根号符号开始被普遍使用。不过多次方根的表示，如 $\sqrt[3]{}$ 和 $\sqrt[4]{}$ ，是 1732 年由德国数学家卢贝尔最早使用的。

　　解析几何和笛卡尔坐标系的提出，为日后的数学研究开辟了一条新的道路，日后牛顿和莱布尼茨发明微积分，都是建立在这些基础之上。虽然笛卡尔在数学上取得了极高的成就，但其一生大部分时间都在研究哲学，研究数学仅仅是"余事"。1649 年，笛卡尔接受了瑞典女王的邀请，给她讲授哲学，并在斯德哥尔摩建立了一所科学院。身体抱恙的笛卡尔没有扛过瑞典的寒冬，在 1650 年就去世了。关于他去世的原因也有一些传说，除了天气寒冷和他自小体弱多病以外，给女王当家教也是原因之一。因为瑞典女王起床太早，而笛卡尔一生都是习惯晚起，由于不习惯新的作息时间，导致他的睡眠极差，而 17 世纪的欧洲，医疗水平又极为糟糕……

我们称 17 世纪为天才的世纪，最重要的是天才的层出不穷，除笛卡尔外，费马也在那个时代给数学领域带来了改变。

在笛卡尔发表解析几何的成果之前，费马也发表了一篇《平面与立体轨迹引论》(*Ad Locos Planos et Solidos Isagoge*)。这篇论文同样阐述了与笛卡尔类似的解析几何框架，但笛卡尔的方法可以处理更复杂的方程，所以获得了胜利。笛卡尔和费马一生中因为很多原因吵过架，关于解析几何的发明权只是其中之一，后面还因为光的折射原理问题和曲线的切线方法问题有过争论，导致两人虽然有梅森神父这个共同好友，但一生中也没什么合作，甚至说是最主要的死对头也不过分。两人大部分的争论最终都是笛卡尔获胜，由于费马缺乏专业素养，导致他的证明经常存在漏洞，因此一些定理和公式也缺乏实用性。

由于两篇论文发表的时间极近，所以不太可能有互相参考，可以认为的是两人几乎同时发明了解析几何，所以一些地方也会把费马列为解析几何的发明者之一。

与笛卡尔相比，费马的一生非常平淡，没有太大的波澜。费马的父亲是位皮革商人，经济上比较宽裕。费马年轻时进入图卢兹大学学习，之后再也没有过太大的变动。他一生没有在大学执教过，也没有在任何科学院里当过学者。如果我们说笛卡尔的主业不是数学研究，费马的主业距离数学就更远了，他是一名律师，而且一生也没放弃这一职业。数学研究一直是费马的业余爱好，所以费马有个"业余数学家之王"的称号。直到现在，网上的"民科（民间科学家）"依然会拿费马举例：为什么当年费马可以做研究，我们不可以？

很多年后还有过另外一位"民科"，也经常被提及，名叫拉马努金。斯里尼瓦瑟·拉马努金（Srinivasa Ramanujan，1887—1920）是印度的婆罗门种姓。拉马努金年轻时并没有接受过太好的数学教育，主要依靠数学书籍自学。他曾经考了三次大学才考上，并且因为成绩太差而被退学。一直到哈代（Godfrey Harold Hardy，1877—1947）发掘了他的潜能，才被邀请到剑桥大学学习。他一生创造了数千个公式，但他自己几乎都没有给出过任何证明，虽然其中有很多公式是错误的或者已有前人提供过，然而剩下的公式凭借诡异的复杂程度，依然让人感觉不可思议。比如，下面这个公式是可以计算 π 值的，即

$$\frac{1}{\pi} = \frac{2\sqrt{2}}{9801} \sum_{k=0}^{\infty} \frac{(4k)!(1103 + 26390k)}{(k!)^4 396^{4k}}$$

再比如下面这个怪异的恒等式

$$\frac{1}{\left(1+2\sum_{n=1}^{\infty}\frac{\cos n\theta}{\cosh n\pi}\right)^2}+\frac{1}{\left(1+2\sum_{n=1}^{\infty}\frac{\cosh n\theta}{\cosh n\pi}\right)^2}=\frac{2\Gamma^4\left(\frac{3}{4}\right)}{\pi}$$

以及他最出名的连分数

$$\sqrt{\phi+2}-\phi=\cfrac{e^{-\frac{2\pi}{5}}}{1+\cfrac{e^{-2\pi}}{1+\cfrac{e^{-4\pi}}{1+\cfrac{e^{-6\pi}}{1+\cdots}}}}=0.2840\cdots$$

哈代曾经评价过拉马努金："他知识不足的程度跟知识的深厚程度都让人很吃惊。"

我们回到费马的故事。

费马一生的成就颇多，比如提出和证明了关于素数的费马小定理和费马大定理。

费马最知名的举措是在丢番图的《算术》第 11 卷 8 命题旁边写下过一段话："将一个立方数分成两个立方数之和，或一个四次幂分成两个四次幂之和，或者一般地将一个高于二次的幂分成两个同次幂之和，这是不可能的。关于此，我确信我发现了一种美妙的证法，可惜这里的空白处太小，写不下。"

这个命题用数学语言来说就是：当 $n>2$ 时，关于 x、y、z 的不定方程 $x^n+y^n=z^n$ 无正整数解。这就是知名的费马大定理，是费马挖的最大的一个坑。在国外，这个定理也被叫作费马最后定理（Fermat's Last Theorem，FLT）。之所以叫最后定理，是因为它是在费马的评注里需要被证明的最后一个定理。费马大定理之所以吸引人，是因为这是一个小学生都能看懂的命题，但是在之后几百年的时间里却一直困扰着数学家们。当然，还有他那句"可惜这里的空白处太小，写不下"为费马大定理增加了些许喜剧色彩。

在此后几百年的时间里，所有知名数学家都挑战过费马大定理，1770年欧拉证明 $n = 3$ 时定理成立，开启了以不同的 n 逐渐证明的过程。之后几百年的时间里，3、5、6、7、10、14 的情况都被证明，数学家们的热情也渐渐消散，大家明白了这个问题的难度可能远远超出了他们的想象。

一直到 20 世纪，人们再一次开始一窝蜂地研究费马大定理。1908年，德国人保罗·弗里德里希·沃尔夫斯凯尔（Paul Friedrich Wolfskehl，1856—1906）宣布以 10 万马克作为奖金，奖给在他逝世后一百年内第一个证明该定理的人。这吸引了许多人提交证明，其中掺杂了大量非学者，也就是"民科"。据说官方直接制作了一个方便回信的模板，以应付这些家伙。此后，随着第一次世界大战的爆发，德国迎来了史无前例的通货膨胀，这 10 万马克变得不那么值钱了，也就没什么人再去提交证明了。

interuallum numerorum 2. minor autem
1 N. atque ideo maior 1 N. + 2. Oportet
itaque 4 N. + 4. triplos esse ad 2. & ad-
huc superaddere 10. Ter igitur 2. adsci-
tis vnitatibus 10. æquatur 4 N. + 4. &
fit 1 N. 3. Erit ergo minor 3. maior 5. &
sarisfaciunt quæstioni.

ς′ ἰσός. ὁ ἄρα μείζων ἴσαι ς′ ἰσός μ′ β̄. δήσο-
σει ἄρα ἀριθμὸς δ′ μετάδυς δ′ τριπλασίους
ϟ μ′ β̄. ἐ ἰσι ὑπάρχει μ′ ι. τρὶς ἄρα
μετάδε ϛ ϟ μ′ ῑ. ἰσει εἰσὶν ςς΄ μ̄ μυνάσι
δ′ ϟ. γίνεται ὁ ἀριθμὸς μ′ γ̄. ἰσινβ ἰῶ ἐλάσ-
σων μ′ γ̄. ὁ δὲ μείζων μ′ ε̄. ϟ πιῶσι τὸ
προβλήμα.

CONDITIONIS appositæ eadem rattio est quæ & appositæ præcedenti quæstioni, nil enim
aliud requirit quàm vt quadratus interualli numerorum sit minor interuallo quadratorum, &
Canones iidem hic etiam locum habebunt, vt manifestum est.

QVÆSTIO VIII.

PROPOSITVM quadratum diuidere
in duos quadratos. Imperatum sit vt
16. diuidatur in duos quadratos. Ponatur
primus 1 Q. Oportet igitur 16 — 1 Q. æqua-
les esse quadrato. Fingo quadratum a nu-
meris quotquot libuerit, cum defectu tot
vnitatum quod continet latus ipsius 16.
esto a 2 N. — 4. ipse igitur quadratus erit
4 Q. + 16. — 16 N. hæc æquabuntur vni-
tatibus 16 — 1 Q. Communis adiiciatur
vtrimque defectus, & a similibus auferan-
tur similia, fient 5 Q. æquales 16 N. & fit
1 N. ⁱ⁶⁄₅ Erit igitur alter quadratorum ²⁵⁶⁄₂₅.
alter vero ¹⁴⁴⁄₂₅ & vtriusque summa est ⁴⁰⁰⁄₂₅ seu
16. & vterque quadratus est.

ΤΟΝ ἐπιταχθέντα τετράγωνον διελεῖ εἰς
δύο τετραγώνους. ἐπιτετάχθω δὴ τὸ ιϛ
διελεῖν εἰς δύο τετραγώνους. καὶ τετάχθω ὁ
πρῶτος δυνάμεως μιᾶς. δήσει ἄρα μονά-
δας ιϛ λείψει δυνάμεως μιᾶς ἴσας ῇ τε-
τραγώνῳ. πλάσσω τ τετράγωνον ἀπὸ ἰϛ. ὅσων
δὴ ποτε λείψει τὸ πωσῶν μ′ ὅσων ἐςὶ π ϛ ᾱ τὸ ιϛ
μ′ πλευρᾶ. ἴσω ιϛ β̄ λείψει μ′ δ̄. αὐτὸς
ἄρα ὁ πράγατος ἔςαι δυνάμεων δ̄ μ′ ιϛ
λείψει ϛ ιϛ. ταῦτα ἴσα μονάσι ιϛ λείψει
δυνάμεως μιᾶς. κοινὴ προσκείσθω ἡ λείψις
ϟ ἀπὸ ὁμοίων ὅμοια. δυνάμεις ἄρα ϛ ἴσαι
ἀριθμοῖς ιϛ. ϟ γίνεται ὁ ἀριθμὸς ιϛ. πέμπ-
των. ἰσι ὁ εἶ ὅτε ̄ εἰκοστπέμπτων. ὁ δὲ με⌐
εἰκοστπέμπτων. ϟ οἱ δύο συντεθέντες ποιῶσι

ὑ εἰκοστπεμπτα, ἤτοι μονάδας ιϛ. καὶ ἰσι ἑκάτερος τετράγωνος.

CVbum autem in duos cubos, aut quadratoquadratum in duos quadratoquadratos
& generaliter nullam in infinitum vltra quadratum potestatem in duos eius-
dem nominis fas est diuidere cuius rei demonstrationem mirabilem sane detexi.
Hanc marginis exiguitas non caperet.

QVÆSTIO IX.

RVRSVS oporteat quadratum 16
diuidere in duos quadratos. Ponat-
tur rursus primi latus 1 N. alterius verò
quotcunque numerorum cum defectu tot
vnitatum, quot constat latus diuidendi.
Esto itaque 2 N. — 4. erunt quadrati, hic
quidem 1 Q. ille verò 4 Q. + 16. — 16 N.
Cæterum volo vtrumque simul æquari
vnitatibus 16. Igitur 5 Q. + 16. — 16 N.
æquatur vnitatibus 16. & fit 1 N. ¹⁶⁄₅ erit

ΕΣΤΩ δὴ πάλιν τὸν ιϛ τετράγωνον δι-
ελεῖν εἰς δύο τετραγώνους. τετάχθω πάλιν
τὸ πρῶτον πλευρᾶ ς′ ἰσός. ᾖ ᾗ τὸ ἕτερον
ἐξ ὅσων δ′πστοτ λείψει ες΄ ὅσων ἐςὶ π τῇ διαι-
ρουμένῳ πλευρᾶ. ἰσω δὴ εἰ ϛ β̄ λείψει μ′ δ̄.
ἴσονται οἱ τετράγωνοι ὁ ϟ ιδη δυναμεωςμᾶς,
ὃς δὲ δυνάμεων δ̄ μ′ ιϛ λείψει ες΄ ιϛ. βῶ-
λομαι τοὺς δύο ξείπει συντεθέντασίσον τ ιϛ
ιϛ. δυναμεως ἄρα ς′ μ′ ιϛ λείψει ες΄ ιϛ ἴσαι
ιϛ ιϛ. καὶ γίνεται ὁ ἀριθμὸς ες΄ πεμπτων.

H iiij

费马大定理就是写在这一页的边上

1995 年，安德鲁·怀尔斯（Sir Andrew John Wiles，1953—）和他的学生理查·泰勒（Richard Taylor，1962—）成功证明了费马大定理，也是直到这时，费马大定理才被叫作费马最后定理。这个证明的过程还颇有喜剧色彩。1993 年，怀尔斯宣布了自己成功证明后，审稿人发现了其中有严重的错误，但怀尔斯在自己放弃的一条道路上又重新得到了证明。此外，费马大定理的证明只是日本数学家谷山丰（1927—1958）和志村五郎（1930—2019）所提出的谷山 – 志村猜想的一部分。据说志村五郎在听说怀尔斯证明了费马大定理以后，第一反应是："我已经告诉过你了。"

费马一生中挖了无数类似的坑，这些坑先是吸引了一位名叫克里斯蒂安·哥德巴赫（Christian Goldbach，1690—1764）的数学家，然后哥德巴赫把这些内容介绍给了自己的好友欧拉，进而开创了另一段传奇——让欧拉变成了数学史上最知名的填坑人。

我们说回费马的坏习惯。

那个年代，大部分数学家研究出成果以后，都会选择与知名的好友通信，或者结集成册出版，以宣誓自己对该成果的所有权。而费马的业余也体现在这里，费马生前大量的成果都是以评注的形式写在书上。当费马阅读到一些有趣的内容后，就会在书角上写下自己的观点，而不是急于发表。费马绝大多数的成果都是在去世后被他的长子发掘的，正是因为其长子的工作，才让费马的成果流传后世，成为 17 世纪数学界最大的宝库之一。在费马去世后 5 年，费马的长子整理了费马评注的内容，出版了《算术》一书，之后还出版了费马评注的丢番图的《代数》。1679年，他又整理了费马的各种手稿，集结出版。费马的研究大多与数论相关，凭借其在数论上的成就，费马也被称为"近代数论之父"。

关于费马的学术成就我们后文还要谈到。

当时欧洲的数学圈子并不大，而其中间点就是梅森神父。笛卡尔和费马都是梅森神父的好友，三人经常互相通信。在这个好友圈里还有一个人，叫帕斯卡。

我们如果去搜索布莱士·帕斯卡（Blaise Pascal，1623—1662），会发现他有很多的头衔，如哲学家、数学家、物理学家、化学家、音乐家、教育家、气象学家，这众多的头衔也概括了帕斯卡职业跨度极大的一生。

帕斯卡出生在法国中南部的小城克莱蒙费朗，3岁时母亲过世，由父亲抚养他和两个姐姐长大。帕斯卡的贵族父亲是个法官，并且热衷于数学，在很早的时候，父亲就教帕斯卡学习数学。帕斯卡在幼年时就展现出了对数学的极大热爱，在11岁时还写作了自己的第一篇论文。但很快，父亲为了不影响帕斯卡学习拉丁语和希腊语，就禁止了他学习数学。这个禁令没能持续多久，有一天，父亲发现他在墙上写下了一串证明，内容是三角形的内角和相加总会等于180°。这让父亲意识到了帕斯卡的数学天分，于是开始允许帕斯卡把更多的时间投入到数学上，允许他旁听其他数学家的讲座，还让他参加了梅森神父的数学沙龙讲座。

在这些参加讲座的数学家中，对帕斯卡影响最深的是吉拉德·笛沙格。

帕斯卡画像

　　吉拉德·笛沙格（Girard Desargues，1591—1661）是法国数学家和工程师，其奠定了射影几何的基础。在当时，笛沙格的一份关于圆锥曲线的内容引起了帕斯卡的兴趣，当时只有 16 岁的帕斯卡写了一篇被称作"神秘六边形"的论文——《论圆锥曲线》。这篇论文先是交给了梅森神父，梅森神父曾经让笛卡尔看过，但是当时的笛卡尔对论文的内容嗤之以鼻，这篇论文在之后很长时间里消失在了大众的视野，一直到一个多世纪以后才重新被发现。但这篇论文里提到了知名的帕斯卡定理：一个圆锥曲线的内接六边形的三组对边延长线的交点共线。这也是射影几何中的一个重要定理。

　　射影几何是一个与艺术相关的数学研究方向。在文艺复兴时期，艺术家们研究出了看起来更立体的绘画方法，那就是使用透视，两条平行线会看起来越来越近，并最终汇聚在同一点上。射影几何就是把这个消失点看作无穷远点，并套用在数学的几何里。

1642年，年仅19岁的帕斯卡为了减轻担任地方长官的父亲计算税费的工作量，制作了一台计算器，现在被称为帕斯卡计算器，被认为是世界上最早的计算机。日后一种著名的编程语言Pascal就是为致敬帕斯卡而命名的。

帕斯卡计算器可以直接对两个数字进行加减运算，并能通过重复加减运算以达到乘除运算的目的。此后，帕斯卡又制造了50台原型机。1645年，他将原理公之于众，并在接下来的十年里，又制造了约20台。1647年，笛卡尔见到了帕斯卡，这是两人第一次也是唯一一次正式的会面。1649年，法国国王路易十四授予帕斯卡一项皇室特权，他拥有在法国设计和制造计算器的独家权利。

1654年，一个沉迷于赌博的朋友咨询了帕斯卡一个问题：基于赢得赌局的概率，两个提前结束游戏的玩家如何在给定现在赌局的情形下公平地分赌注。因为这个问题，帕斯卡开始和费马通信讨论，并因此诞生了概率论，"期望值"的概念也是在这个讨论的过程中被提出的。费马和帕斯卡完成的分析和概率的工作给日后莱布尼茨提出无穷小微积分奠定了基础。也是在这一年后，帕斯卡因为宗教信仰问题，开始逐渐淡出学术圈，并放弃了数学研究的工作，转而开始投身于对神学的研究。其实，帕斯卡的一生都更重视神学，有传言称，帕斯卡曾经投身数学的原因是某次牙疼时看了看数学，结果牙不疼了。帕斯卡认为，这是神的感召。但日后帕斯卡又认为，神对他的安排里并没有数学。

1652 年生产的帕斯卡计算器

帕斯卡曾两次皈依不同的教派，关于他投身神学的原因有诸多猜测，但一定和他姐姐的意外死亡，以及自己常年受病痛折磨直接相关。从 20 多岁开始，帕斯卡就时常抱恙，头疼的顽疾折磨了他很多年，以至于和笛卡尔的那次会面中，笛卡尔还给他的身体提出了一些建议。1662 年，帕斯卡病情突然加重，当年的 8 月 19 日清晨，帕斯卡去世，年仅 39 岁，推测他可能是死于肺结核或肺癌。

　　除了在数学上的成就，帕斯卡在物理学上还有著名的帕斯卡原理，指的是作用于密闭流体上之外加压力（压强）可维持原来的大小，经由流体传到容器各部分，这意味着对于一个密闭容器而言，其内部各处的压力（压强）相同。因为这个重要的发现，国际单位制中的压强单位帕斯卡（Pa）就是以帕斯卡的名字命名的。

第五章

自从数学诞生，无穷一直就是数学中最敏感的话题之一。从亚里士多德开始，2000 多年里，大多数数学家都在自己的研究中回避无穷的概念。但随着微积分的出现，无穷变得避无可避。

第一节　最伟大的科学家——牛顿

微积分是现代数学史上最大的突破，它仿佛一片崭新的大陆，为日后的数学家们提供了全新的研究方向，让无数的科学研究变成了可能。微积分并不只是一串串的公式，而是构建我们现代社会的钢筋混凝土，是科学大厦坚不可摧的地基。微积分研究史上最重要的两人就是牛顿和莱布尼茨。

这一章的故事从牛顿开始讲起。

毫无疑问，牛顿是历史上最伟大的科学家之一，甚至可以省略"之一"。2005 年，英国皇家学会发起过一场"谁是科学史上最有影响力的人"的民意调查，在最终结果中，牛顿排名第一，这主要取决于两点：一是横跨诸多学科，包括物理学、天文学和数学；二是在这三个学科中，牛顿均有颠覆性的发现。尤其对于中国的学生来说，很多人都能回忆起中学物理课上被牛顿支配的恐惧，上了大学以后也没能逃离"阴霾"，因为高等数学这一科目中也有牛顿的身影。

在数学领域，可以说牛顿开启了一个崭新的时代。

艾萨克·牛顿（Isaac Newton，1643—1727）出生于 1642 年 12 月 25

日，但是这个时间是古老的儒略历[1]，而按照现在普遍接受的公历是1643年1月4日。牛顿是个早产儿，在其出生前三个月，他的父亲就过世了。父亲留给了牛顿一个庄园、大量耕地、42头牛和234头绵羊，当时英格兰的支柱产业是农业和羊毛业，这些丰厚的遗产让牛顿一生都不曾为金钱而发愁。母亲在牛顿3岁时接受了他人的求婚，把牛顿留给了外祖母照顾，可想而知，年幼的牛顿格外孤独。

艾萨克·牛顿画像

---

1 儒略历是欧洲普遍使用的传统历法。儒略历假设平均太阳年正好是365.25天，进而令每四年设置一个闰年，但是这会导致约每128年相差1天。所以后来换成了现在的公历，在当时欧洲只有英国还在采用儒略历，其他国家都已经使用了公历。

有很多传记作家和史学家都认为，正是这段和母亲的分离生活，导致日后的牛顿生性多疑，甚至有些自闭。

小时候的牛顿在当地一所教授拉丁语和希腊语的学校读书，但是牛顿没什么朋友，业余时间常做一些小的机械自娱自乐。后来，牛顿到格兰瑟姆的国王学校读书，求学时寄宿在一位药剂师家中，并且和药剂师的女儿订婚。由于牛顿并没有表现出对爱情的执着，因此药剂师的女儿最终嫁给了别人，而牛顿终身未娶。

当时的社会环境十分糟糕，牛顿 6 岁那年，伦敦人看着自己的国王被砍下了脑袋。[1] 之后剧院关门，所有庆祝活动都被禁止，甚至在婚礼上跳舞都会被判有罪。一直到 1660 年喜欢打网球和包养情妇的查理二世上台，英国人才重新有了娱乐活动。

1661 年 6 月，牛顿进入了剑桥大学的三一学院学习。在这里他接触到了天文学和哲学，阅读了大量笛卡尔、伽利略、尼古拉和开普勒的著作。现在，剑桥大学被公认为是一所世界顶级的学府，但在当年并不是这样。那时的剑桥大学受到政治和宗教的影响，学校里有很多浑水摸鱼的教授，有的教授在执教生涯中从未出版过任何学术著作，甚至也不会来学校上课。所以，热爱学习的牛顿，在这样的环境中更像是一个异类。

1　指查理一世（Charles I，1600—1649）之死。查理一世于 1625 年 3 月 27 日登基，成为英格兰、苏格兰及爱尔兰国王，1649 年 1 月 30 日被处死，他是唯一以国王身份被处死的英格兰国王。

当时牛顿的主要兴趣还是天文学，求学期间牛顿偶然认识了数学教授艾萨克·巴罗（Isaac Barrow，1630—1677）。巴罗是剑桥的首任卢卡斯教授，这是一个荣誉学位，同一时间只能有一人拥有，必须是英国数理方向顶级学者。巴罗最著名的书是《几何学讲义》（*Geometrical Lectures*），书中记载了他对无穷小分析的卓越贡献，特别是其中通过计算求切线的方法，日后影响了牛顿，帮助牛顿发明了微积分。所以某些地方也会说巴罗是牛顿的老师，但这个说法并不严谨，因为巴罗并没有给牛顿上过课，也并不是他的导师。

艾萨克·巴罗

1664 年的英国发生过一件大事。这一年秋天人们看到一颗彗星从天际划过。占星者和教会认为这是不祥之兆，这是来自宇宙的警告，是上帝不悦的征兆。1665 年，第二颗彗星出现。当时的学者们普遍认为宇宙是一台巧妙运行的机械，而彗星的出现打破了人们的既定认知，于是英国的学者们开始一窝蜂地研究一个全新的领域——《圣经》。牛顿买了超过 30 个版本的《圣经》，希望从中搞明白到底发生了什么。

1665 年，伦敦大瘟疫爆发。但这灾难的背后，却是现代文明的开端。

彼时牛顿开始接触到数学，并尝试做一些最基础的研究。

偶然之间，牛顿发现了广义二项式定理。

一般的二项式定理是

$$(a+b)^2 = a^2 + 2ab + b^2$$

$$(a+b)^3 = a^3 + 3a^2b + 3ab^2 + b^3$$

$$(a+b)^4 = a^4 + 4a^3b + 6a^2b^2 + 4ab^3 + b^4$$

但这样扩展下去，最难的就是确定二项式的系数。中国数学家杨辉（杨辉事实上是引自贾宪）和前文提到的帕斯卡都曾经通过构建数字三角形来确定二项式的系数，也就是"杨辉三角形"，或者在西方叫作"帕斯卡三角形"。这个三角形的规律是从第二行开始，每个数等于它上方两数之和。而从第三行开始就是对应的系数了。

$$
\begin{array}{ccccccccccccc}
&&&&&&1&&&&&& \\
&&&&&1&&1&&&&& \\
&&&&1&&2&&1&&&& \\
&&&1&&3&&3&&1&&& \\
&&1&&4&&6&&4&&1&& \\
&1&&5&&10&&10&&5&&1& \\
1&&6&&15&&20&&15&&6&&1 \\
\end{array}
$$

$$
\begin{array}{ccccccccccccccc}
1&&7&&21&&35&&35&&21&&7&&1 \\
1&&8&&28&&56&&70&&56&&28&&8&&1
\end{array}
$$

这个三角的名字非常多，如杨辉三角形、帕斯卡三角形、贾宪三角形、海亚姆三角形，因为这些人都在不同的阶段发现过它

但构建三角形依然很麻烦，所以牛顿研究出来了一套推广到对任意实数次幂的展开，即所谓的牛顿广义二项式定理：$(x+y)^n = \sum_{k=0}^{\infty} \binom{n}{k} x^{n-k} y^k$，其中 $\binom{n}{k} = \dfrac{n(n-1)\cdots(n-k+1)}{k!} = \dfrac{(n)_k}{k!}$。

虽然牛顿在数学上有了重要的突破，但他这时对数学还是没有那么大兴趣。

牛顿之所以走上数学研究的道路，还是因为伦敦鼠疫的爆发。1665 年，也就是彗星到访后，伦敦人发现有人莫名死去。到 7 月，一周的死亡人数已经超过了 700 人，到 8 月底，每周的死亡人数就超过了 6000 人。就在这时，鼠疫袭击了剑桥，大学被迫关闭，牛顿也只能背起行囊回家。

牛顿从剑桥三一学院跑回老家，主动隔离了 18 个月。隔离期间他闲来无事，就开始研究数学。其中最重要的是发现了无穷级数的应用，其间还研究出了一个新的圆周率算法。对了，那颗砸到牛顿的苹果也是生长在这里，他被苹果砸到后想到，既然引力能够拽下来一个苹果，那引力不也能影响到更远的天体吗？之后，牛顿就提出了万有引力定律和运动定律，他应该是有史以来在隔离期间创造力最强的科学家。

1668 年，牛顿硕士毕业后留在三一学院担任研究员。次年，艾萨克·巴罗主动辞去了卢卡斯教授的位置，他表示此时的牛顿已经超越了他，他无法安心地坐在这个位置上，牛顿更适合。当然，这只是个谣传而已，现实是巴罗此时在竞争地位更高的御前牧师，而他也确实成功了。

牛顿的教学经历绝对称不上开心，他不善言辞，研究方向又过于晦涩难懂，所以愿意听他课的人很少。牛顿的侄子这样描述牛顿的生活："他总是把自己关在屋子里做研究，很少出去拜访别人，也没有人来拜访他……我从来没见他有过任何消遣和娱乐，不论是骑马出去呼吸新鲜空气、散步、打保龄球，还是任何其他运动。他认为所有这些活动都是浪费时间，不如利用这些时间去做学问……他很少到餐厅用饭……如果没人关照他，他会变得非常邋遢，鞋子拖在脚上，袜子不系袜带，整天穿着睡袍，而且，几乎从来也不梳头。"[1]

1　Dunham W. 天才引导的历程：数学中的伟大定理 [M]. 第一版. 北京：机械工业出版社，2022:197.

此后，牛顿陆陆续续发布过一些研究成果，比较知名的包括光的折射，他发现棱镜可以将白光发散为彩色光谱，还发明了反射望远镜。1679 年，牛顿开始了力学的研究，包括引力及其对行星轨道的作用。然而，把牛顿推上神坛的是 1687 年的《自然哲学的数学原理》(*Mathematical Principles of Natural Philosophy*)，这本书也经常被简称为《原理》。

人们早就认识到大自然的运行规律，太阳会升起落下，月亮有阴晴圆缺，不同的星星随着季节的更替会出现在不同的位置，我们还知道从树上掉落的苹果会落在地上。从古希腊开始，世界就存在两种自然的状态：一种是脚下的，是稳定不变的；一种是天上的，是运动的。没人觉得这种划分方式有问题。教会希望从神学和哲学的角度赋予世间万物一套法则，能够解释万物运动的规律，他们一度做到了，收获了数以千万级的信徒，但是没能让所有人信服，因为总是有教会解释不了的事情，而牛顿的《原理》就给出了一套足以让所有人信服的普世规律。

书中阐述了牛顿最为知名的成就——牛顿运动定律，包括以下三个定律。

（1）第一定律：假若施加于某物体的外力为零，则该物体的运动速度不变（惯性定律）。

（2）第二定律：施加于物体的外力等于此物体的质量与加速度的乘积（加速度定律）。

（3）第三定律：当两个物体相互作用于对方时，彼此施加于对方的力，其大小相等、方向相反（作用力与反作用力定律）。

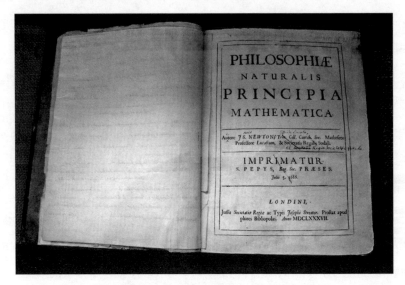

牛顿《自然哲学的数学原理》副本

　　牛顿一开始并没有打算发表《原理》一书，他是在爱德蒙·哈雷（Edmond Halley，1656—1742）的劝说下才决定正式出版的。哈雷是英国格林尼治天文台的第二任台长，一直在研究引力相关的内容，我们所熟悉的哈雷彗星，就是在哈雷的观测下成功预言了彗星出现的时间，从而以他的名字命名的。1684 年 8 月，哈雷去剑桥与牛顿讨论这个问题，牛顿称已在一篇论文中解决了它，但是论文找不到了，也没打算发表。于是，哈雷劝说牛顿重新写一遍，然后发表出去。一开始英国皇家学会答应负责这本书的印刷，但是成书后英国皇家学会又觉得内容生涩难懂，卖不出去，便给退回了。所以，首版的书在哈雷的经济支持下才得以出版。

哈雷之所以劝说牛顿，并且能劝得动牛顿，还有另外一个人起到了至关重要的作用——罗伯特·胡克（Robert Hooke，1635—1703）。胡克是当时英国知名的物理学家和工程师，也是皇家学会的第一任会长。他提出了描述材料弹性的基本定律——胡克定律，同时还用自己制造的显微镜第一次观测到了细胞，细胞的英文 Cell 就是胡克命名的。他还造了第一台反射望远镜，第一次观测到了火星的旋转和木星大红斑。显而易见，胡克是当时影响力最大的科学家之一。

但胡克和牛顿几乎是老死不相往来的仇人。1672 年，牛顿发表了关于光色散的观点，认为白光经过棱镜产生色散分成七色光，光是不同颜色的微粒混合而成的。但主张光波动说的胡克提出了尖锐的批评，以至于牛顿差点被请出皇家学会。为了不和胡克继续吵架，牛顿把自己讲解光学的著作《光学》一直推迟到胡克去世后才出版，这本书奠定了光微粒说的统治地位。

1674 年到 1679 年间，牛顿和胡克曾通信讨论物体的圆周运动问题，讨论内容并不友善，牛顿的那句名言"如果我看得远一些，那是因为我站在了巨人的肩膀上"就是在这次通信中说的。从语境上看，这句话其实是在嘲讽胡克是矮子，因为胡克不光矮小，还是个驼背。这些信里就讨论了万有引力定律相关的内容，在这期间，哈雷和胡克见过面，胡克说他已经完成了证明，哈雷就把这件事告诉了牛顿，而牛顿不想落在胡克的后面，因此才将《原理》一书出版。

牛顿对胡克的敌意一直持续到胡克去世后。牛顿要求皇家学会销毁了胡克所有的画像，这也导致胡克作为 17 世纪的知名科学家，竟然没有一张画像留存。牛顿甚至曾经要求销毁胡克所有的手稿和著作，但是被一致反对，没能得逞。而胡克也"不是省油的灯"，除牛顿外，他还和另外一个知名科学家惠更斯（Christiaan Huygens，1629—1695）争论了很多年，他们争论谁才是弹簧钟的发明人。论战斗力，胡克在那个时代算是顶级的。

我们说回《原理》这本书。

这时的牛顿已经开始了微积分的研究，而且有了成熟的框架。在当时，很多发现和发明被埋没，都是因为阅读门槛过高，牛顿选择使用最传统的几何语言来描述《原理》这本书。这也是在当时人们能够快速接受《原理》的主要原因，书的内容并不难，不需要学习新的复杂的数学知识，无论数学家、物理学家还是天文学家都能读懂。牛顿和皇家学会的其他人还专门出过一些具有科普属性的书，试图用更为简单、去数学化的文字描述来解释三大定律，其中甚至有一本名为《写给女士们的牛顿学说》（*Newtonianism for Ladies*）。

牛顿一生都不喜欢发表研究成果，他自己曾经解释过，这是因为他不喜欢争论，更不喜欢被批评，所以索性就不发表。牛顿一生的大部分成就都是在别人的劝说下才发表的，他在完成研究内容后会告知好友，好友可能会借阅他的手稿来看。好友看完后，发现手稿的内容价值颇高，就开始劝说牛顿发表。牛顿大部分著作的发表都要经过这样一个"流程"。

牛顿还有一个爱好很少有人提及——炼金术。1693 年，牛顿因为品尝炼金术的成果而大病一场，一直到 1695 年才完全康复，之后他便离开了自己生活了 35 年的三一学院。离开学校的牛顿并没有换一所大学继续从事教职，反而走上了一条全新的道路。1696 年，牛顿成为造币局的局长，之后又负责英国的币制改革，帮助英国从银本位过渡到金本位。在这一岗位上，牛顿一直工作到去世。

1727 年 3 月 31 日，牛顿在伦敦于睡梦中辞世，享寿 84 岁。英国为他举行了国葬，成为历史上第一位获得国葬的自然科学家。诗人亚历山大·蒲柏（Alexander Pope，1688—1744）为牛顿写下了墓志铭——"自然和自然的法则隐藏在黑暗之中。上帝说：让牛顿出世吧。于是一切豁然开朗。"

第二节 或许是个"中国粉"——莱布尼茨

　　假如没有牛顿，莱布尼茨（Gottfried Wilhelm Leibniz, 1646—1716）毫无疑问会成为那个时代最出色的科学家。莱布尼茨一生涉猎广泛，包括生物学、医学、地质学、概率学、心理学、语言学、政治学、法学、伦理学、神学、哲学、历史学、语言学。他留下了大量的手稿，数量多到一直到 2010 年，其作品都没有被收集完成。莱布尼茨在哲学上的成就极高，他认为宇宙是完美的、合理的、严丝合缝的，因为宇宙是具备无限智慧的上帝所创造的。所以莱布尼茨有一句名言："上帝创造了所有可能世界中最好的一个。"

　　莱布尼茨出生在德国一个贵族家庭，父亲是莱比锡大学的教授。在莱布尼茨 6 岁时，父亲去世并给他留下了一个私人的图书馆，小莱布尼茨最大的兴趣就是在图书馆里看书。莱布尼茨的母亲也出生于教授家庭，因此可以辅导孩子学习。莱布尼茨 12 岁时自学了拉丁文和希腊文，14 岁进入莱比锡大学读书，主修法律，20 岁时就完成了学业。与牛顿不同，莱布尼茨是一个非常"称职"的贵族，除了无懈可击的礼仪外，他还很在乎自己的外表，他从不会穿着睡衣到处走，每次出门都穿着华贵的礼服，系上丝绸领结。不过，莱布尼茨搞研究的时候就没有这么体面了，因为他有高度近视，研究时他的鼻子几乎贴着纸张，看起来多少有些狼狈。

莱布尼茨画像

毕业后的莱布尼茨一方面从事律师的工作，另一方面也逐渐喜欢上了物理学。他发表了一些物理学相关的内容，产生了不小的影响力。他最为知名的一项发明是在帕斯卡计算器的基础上制造了一台自己的计算机，希望借此完成大量复杂的数学运算。虽然这台计算机没有达到最初的预期，但还是比帕斯卡的机器进步了很多。比如，它支持乘法运算。这个过程中，莱布尼茨发现，让机器去做十进制的运算极为麻烦，所以他开始研究一套新的通用的解决方法，而这套方法就是二进制。在德国图林根的哥达王宫图书馆内仍保存着一份莱布尼茨的手稿，标题写着"1 与 0，一切数字的神奇渊源"。

但在当时，二进制并没有受到重视，毕竟那不是一个电子计算机的时代。一直到布尔代数应用到计算机上，二进制才开始在计算机领域被普遍接受。

年轻时的莱布尼茨有过很多奇妙的发现，比如他找到了一组奇怪的数字，满足条件：和为完全平方，且其平方和为完全平方的平方的三个数。他找到的三个数是 64、152 和 409，这三个数满足条件

$$64 + 152 + 409 = 625 = 25^2$$

$$64^2 + 152^2 + 409^2 = 194481 = (21^2)^2$$

1672 年，莱布尼茨以高级外交官的身份被派往巴黎，希望动摇路易十四对入侵荷兰及其他西欧邻国的兴趣。在这个过程中，莱布尼茨结识了许多巴黎的学者，并且进入了巴黎的学术圈子[1]，由此得以认识自然科学家胡克、发现了微生物的列文虎克（Antoni van Leeuwenhoek，1632—1723）和"哲学王子"斯宾诺莎（Benedictus de Spinoza，1632—1677），以及对他影响最大的数学家惠更斯。自此他也逐渐对数学产生了兴趣。

惠更斯是荷兰的天文学家、数学家和物理学家，也是一位在多个领域

1　当时的欧洲大陆主要以巴黎为学术中心；下文提到的惠更斯虽是荷兰人，却是当时法国皇家科学院院士。

有创造性发现的学者。他最著名的发现是在天文学领域，发现了猎户座大星云和土星光环。在物理学上，他和胡克共同测定了温度表的固定点，即冰点和沸点，此外还提出钟摆摆动周期的公式 $T = 2\pi\sqrt{\dfrac{1}{g}}$。我们高中物理学到的与光的波动相关的知识都来自惠更斯。惠更斯在数学上最大的成就源自帕斯卡，当时两人经常交流概率相关的内容，在帕斯卡的支持下，惠更斯出版了《论赌博中的计算》（*Theoremata de Quadratura*）一书，这本书被认为是概率论诞生的标志。

惠更斯画像

当时莱布尼茨拜访了惠更斯，并且惠更斯也在数学方面给了莱布尼茨一些指点。所以，一些评论也会称惠更斯为莱布尼茨的老师。二人探讨的问题是三角形数，三角形数指的是一定数目的点在等距离的排列下可以排成一个等边三角形的数，如下图所示。

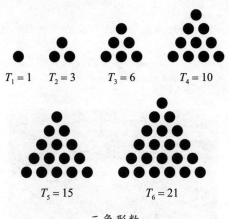

$T_1 = 1$ $T_2 = 3$ $T_3 = 6$ $T_4 = 10$

$T_5 = 15$ $T_6 = 21$

三角形数

前 30 个三角形数分别是 1, 3, 6, 10, 15, 21, 28, 36, 45, 55, 66, 78, 91, 105, 120, 136, 153, 171, 190, 210, 231, 253, 276, 300, 325, 351, 378, 406, 435, 465。

惠更斯的题目是，求出所有三角形数的倒数和，也就是：

$$s = 1 + \frac{1}{3} + \frac{1}{6} + \frac{1}{10} + \frac{1}{15} + \frac{1}{21} + \frac{1}{28} + \cdots 。$$

莱布尼茨非常轻松地解答了他的问题，首先把方程两边都除以 2，得到 $\frac{1}{2}s = \frac{1}{2} + \frac{1}{6} + \frac{1}{12} + \frac{1}{20} + \frac{1}{30} + \cdots$，然后用 $1 - \frac{1}{2}$ 替换 $\frac{1}{2}$，用 $\frac{1}{2} - \frac{1}{3}$ 替换

$\frac{1}{6}$，用 $\frac{1}{3}-\frac{1}{4}$ 替换 $\frac{1}{12}$，以此类推，得到 $\frac{1}{2}s=\left(1-\frac{1}{2}\right)+\left(\frac{1}{2}-\frac{1}{3}\right)+\left(\frac{1}{3}-\frac{1}{4}\right)+$ $\left(\frac{1}{4}+\frac{1}{5}\right)+\cdots$，去掉括号后得到 $\frac{1}{2}s=1-\frac{1}{2}+\frac{1}{2}-\frac{1}{3}+\frac{1}{3}-\frac{1}{4}+\frac{1}{4}-\frac{1}{5}+\frac{1}{5}-\cdots$。化简后，可以发现右边等于 1，所以 $\frac{1}{2}s=1$，$s=2$。

惠更斯已经意识到，莱布尼茨是个数学天才，而此时的莱布尼茨可能也没有想到，自己未来会创造出数学史上最伟大的发现之一，也就是理查德·费曼（Richard Phillips Feynman，1918—1988）说的那个"上帝的语言"——微积分。约翰·冯·诺依曼（John von Neumann，1903—1957）则评论说："微积分是现代数学取得的最高成就，对它的重要性怎样强调都不会过分。"[1]

在真正讲解微积分前，我们先聊一个八卦——莱布尼茨是个"中国粉"。

17 世纪，中欧贸易已经十分发达，欧洲人在见识到中国人的丝绸和瓷器后，开始对神秘的东方古国产生了幻想，以至于掀起了一股"中国热潮"，很多欧洲学者都愿意蹭中国的热度。莱布尼茨虽然没有来过中国，但是却常年与在中国的传教士通信，他与这些传教士们的通信内容在 1697 年成书，名为《中国近事》（*Novissima Sinica*）。莱布尼茨或许深入研究过中国文化，有媒体和学者认为莱布尼茨提出的二进制思想就是源自中国周易

1　James Stewart, *Calculus*, 2nd *ed.*, Brooks/Cole, Pacific Grove, CA, 1991: 56.

中"阴阳"的概念，然而，这更多只是捕风捉影之谈。莱布尼茨确实有过一篇讲二进制和周易的论文，但在此之前，莱布尼茨在设计计算器时，已经做过大量二进制相关的研究了，而那时他还没有接触到中国文化。

早在 1701 年初，莱布尼茨就向巴黎皇家学会提交了一篇论文，即论述二进制的《数字科学新论》（*Essay d'unne Nouvelle Science des Nombres*），但是这篇论文最后被驳回了，原因是看不出来二进制有什么用途。因此，莱布尼茨在两年后又提交了一篇名字特别长的论文——《论只使用符号 0 和 1 的二进制算术，兼论其用途及它赋予伏羲所使用的古老图形的意义》（*Explication de L'arithmétique Binaire, Qui Se Sert des Seuls Caractères 0 et 1 avec des Remarques Sur Son Utilité et Sur Ce Qu'elle Donne le Sens des Anciennes Figures Chinoises de Fohy*），并最终通过。

在发表这两篇论文中间，曾发生过一件确有记载的事。1701 年 2 月 25 日，莱布尼茨写信给居住在北京的法国耶稣会神父白晋（Joachim Bouvet，1656—1730），并介绍了二进制相关的内容，同时告诉白晋第一篇论文被拒的原因。白晋于同年 11 月 4 日回信，告知莱布尼茨，二进制和周易的思想有相似的地方。1703 年 5 月 18 日，莱布尼茨告诉白晋，这就是二进制的用途。

当然，还有过更离谱的传言，传言的大概内容是莱布尼茨给中国的康熙皇帝写过信，希望康熙可以在中国成立科学院，但是这一建议被当时的清政府拒绝了。

EXPLICATION
DE L'ARITHMETIQUE
BINAIRE,

Qui se sert des seuls caracteres 0 *&* 1 *; avec des Re-
marques sur son utilité, & sur ce qu'elle donne le
sens des anciennes figures Chinoises de Fohy.*

PAR M. LEIBNITZ.

LE calcul ordinaire d'Arithmétique se fait suivant la
progression de dix en dix. On se sert de dix carac-
teres, qui sont 0, 1, 2, 3, 4, 5, 6, 7, 8, 9, qui signifient
zero, un, & les nombres suivans jusqu'à neuf inclusive-
ment. Et puis allant à dix, on recommence, & on écrit
dix; par 10; & dix fois dix, ou *cent*, par 100; & dix fois
cent, ou *mille*, par 1000; & dix fois mille, par 10000.
Et ainsi de suite.

Mais au lieu de la progression de dix en dix, j'ai em-
ployé depuis plusieurs années la progression la plus sim-
ple de toutes, qui va de deux en deux; ayant trouvé
qu'elle sert à la perfection de la science des Nombres.
Ainsi je n'y employe point d'autres caracteres que 0 & 1,
& puis allant à deux, je recommence. C'est pourquoi *deux*
s'écrit ici par 10, & deux fois deux ou *quatre* par 100; &
deux fois quatre ou *huit* par 1000; & deux fois huit ou
seize par 10000, & ainsi de suite. Voici *la Table des Nom-
bres* de cette façon, qu'on peut continuer tant que l'on
voudra.

On voit ici d'un coup d'œil la raison d'une *propriété
célèbre de la progression Géométrique double* en Nombres en-
tiers, qui porte que si on n'a qu'un de ces nombres de
chaque degré, on en peut composer tous les autres nom-

L iij

1703:
5. Mai.

第三节　微积分大战

$$\int_a^b f(t)\mathrm{d}t = F(b) - F(a) = F(x)\,|_a^b$$

这个公式叫作牛顿 – 莱布尼茨公式。假如牛顿和莱布尼茨活过来，看到以上公式是以两个人共同命名，并且所有课本都把两人的名字很浪漫地手牵手并列在一起，这两人可能都会直接气死过去。这是因为，两人在微积分命名权上，争夺到了人生的最后一秒。

在牛顿和莱布尼茨之前，费马已经研究过相关的内容。费马在微积分方面最知名的研究是极大值、极小值和切线的处理方法，费马还因为这个方法与笛卡尔发生过一次小冲突。因为当时笛卡尔也有自己的方法，并且认为自己的方法更好。

关于微积分真正的战争始于 1684 年，这一年，莱布尼茨发表了第一篇关于微积分的论文，论文中定义了微积分，也使用了 dx 和 dy 两个符号。根据莱布尼茨的笔记显示，早在 1675 年，他就已经完成了完整的微分学的建立。莱布尼茨最早提出了微积分的英文单词 calculus，最初这个单词的含义是"一组规则"。此后，莱布尼茨偶尔会自得地说"是我的微积分"（my calculus），可想而知他对自己的发明有多么得意。而其他数学家为了表示对微积分的尊重，会称其为 the calculus。随着数学的发展，渐渐也就没人再加 the 了。

这篇论文发表后，立刻引起轩然大波。首先是论文本身极具颠覆性，除名字颠覆性的长度以外，内容更是足以开创一个全新的学科。更重要的是，这时英国人跳出来开始攻击莱布尼茨，因为在此之前，牛顿已经发表过类似的内容。牛顿早在 1669 年就写过关于流数术的论文，这个流数法与微积分的思想极其相似，论文里有两个重要的概念：流量，也就是时间的函数；流数，也就是流量的导数或随时间的变化率。这些论文虽然没有正式出版，但是有不少数学家都看过，尤其是在英国的学术圈中。莱布尼茨在 1673 年曾经访问过伦敦，有机会接触到这篇论文，同时有证据显示，莱布尼茨和牛顿曾有过通信，这两封信里牛顿很隐晦地阐述过流数术的思想，这两封信现在被称为"前信"和"后信"，所以英国人坚信是莱布尼茨剽窃了牛顿的研究成果。不过，直到 1736 年，牛顿关于流数术的书才正式出版，而这时牛顿已经去世 9 年了。

如前文提到的，牛顿本人并不愿意发表论文，这是他的性格原因所致。可是看到别人发表了类似的内容，又认为是别人抄袭，这多少有些不讲道理了。而且在莱布尼茨发表了自己的论文后，牛顿依然没有公开发表自己的研究成果，导致英国的学术圈一直在空喊是牛顿先发明的，却并没有任何公开的文献做支撑。

1699 年，牛顿把 1676 年与莱布尼茨通信的内容公之于众，英国人仿佛找到了最重要的证据，开始了有组织的攻击。

起初两人都没有亲自下场争辩，默契地选择了避而不谈。但很快，事情的走向逐渐演变成德国和英国的民族斗争，双方的支持者逐渐将事情推到国家层面。因此，两人也开始被迫发表看法，证明自己理论的原创性。当时英国和德国的学术圈子已经开启了无差别的地图炮，甚至一度忘记为什么要互相攻击，"洪水"漫过了两国的所有科学家。

争论并没有阻碍莱布尼茨的研究。

1686 年，莱布尼茨又发表了积分论文，讨论了微分和积分的关系。为了体现求和，他把字母 S（Sum）拉长了，也就成了沿用至今的积分符号 $\int$。而次年，牛顿的巨著《自然哲学的数学原理》一书添了一把火，书里直接写道："十年前，在我和最杰出的几何学家莱布尼茨的通信中，我表明自己已经知道确定极大值和极小值的方法、作切线的方法以及类似的方法，但我在交换的信件中隐瞒了这些方法……这位最卓越的科学家在回信中写道，他也发现了一种同样的方法。他诉述了他的方法，他与我的方法几乎没有什么不同，除了他的措辞和符号之外。"

显然，这里的意思已经十分明确了，牛顿就是指出莱布尼茨是在抄袭。而这时牛顿是英国学术圈最大的红人，甚至是英国学术圈的精神领袖。所以 1695 年，英国学者集体宣称："微积分的发明权属于牛顿。" 1699 年，他们再次强调："牛顿是微积分的'第一发明人'。"莱布尼茨后来写信给英国皇家学会，希望他们调查这件事，但是莱布尼茨忽略了最重要的事情，英国皇家学会的会长正是牛顿。

英国皇家学会还像模像样地成立了一个调查组，并且在 1713 年，由牛顿亲自确认：牛顿才是微积分的发明人。当然，按照现在的观点看，那些年的皇家学会里有很多离谱的事情。比如，1699 年，皇家学会里最热门的议题是喝下一品脱的牛尿对健康有没有好处。

在皇家学会的调查组里，最知名的数学家是泰勒（Brook Taylor，1685—1731）。我们课本里会讲到的泰勒定理、泰勒公式和泰勒级数都是源自他，其中泰勒公式被拉格朗日（Joseph–Louis Lagrange，1736—1813）称为"导数计算的基础"。泰勒是一位影响力颇大的数学家，但是他不喜欢写东西，导致自己的很多证明和定理缺乏基本的过程和结论，所以在他逝世后，人们搞不清楚他到底想要表达什么。因为泰勒加入过皇家学会的调查组，所以在当时还受到了不小的争议。

当德国人意识到是牛顿自己证明自己是微积分发明者以后，反倒将其变成了攻击牛顿的理由，毕竟这件事做得过于不体面了。英国人也抓到了莱布尼茨的不体面，据说当时欧洲各国都流传着一张宣传单，上面言辞激烈地抨击了牛顿，认为他追求名利，不讲公平，也不诚实。后来发现，这份宣传单可能就是出自莱布尼茨之手。

泰勒画像

在故事临近结尾的时候，差点出现一个转折点。当时莱布尼茨的保护人是英国国王乔治一世。乔治一世原本是德国人，但因为有英国血统而继承了英国王位。莱布尼茨希望乔治一世可以带他去英国，但乔治一世拒绝了。如果当时乔治一世愿意帮助莱布尼茨，那么对莱布尼茨的舆论攻击很可能会被逆转。

乔治一世的离开导致了莱布尼茨失势，并在英国民众的持续攻击中结束了落魄的晚年。莱布尼茨的葬礼上没有任何曾经的朋友前往，只有一位忠心耿耿的仆人。牛顿在临死前和好友叙旧时曾说过，他很满意地让莱布尼茨感到了心碎。

时至今日，一般认为莱布尼茨和牛顿是在独立的情况下分别建立了微积分这个学科，所以现在才会让两人的名字并列在一起。莱布尼茨从微分推导，牛顿从积分推导，方向相反，但殊途同归。此外，牛顿认为自己破译了宇宙的运作规律，所以流数术是作为运动学研究的工具出现的，而莱布尼茨的微积分是以几何出发的完整学科，他希望通过数学来描绘大自然的真实结构。总之，在两人的努力和争吵下，微积分被送进了学生的课本，变成了许多人学习生涯中最大的"噩梦"。

但这件事并没有伴随着莱布尼茨的离世而结束。

因为德国和英国学术圈争端的激化，英国学术圈做出了一个极为激进的动作——闭关锁国。他们逐渐放弃与外国人交流学术成果，尤其是在数学领域，导致此后长达一个世纪的时间里，英国人在数学领域毫无进益。

此外，很可能是这件事对牛顿造成了沉重的打击，日后牛顿的研究重心转向了炼金术和神学，开始逐渐远离数学和物理学。牛顿晚年一共写下了超过 100 万字的炼金术笔记和多部神学著作，但这些成果现在无人认可，毕竟现在看来这些都是"歪门邪道"。

一直到这里，围绕着微积分的战争仍然没有结束。在牛顿和莱布尼茨的著作中，都有一个看起来有些碍眼的问题，那就是两人都提到了无穷小，但是无法用数学语言解释清楚什么是无穷小。起初大部分人都没有看出来这个问题，后来这一问题被一位爱尔兰哲学家，也是大主教的乔治·贝克莱（George Berkeley，1685—1753）指出来了。贝克莱在哲学上的成就颇高，他有一句名言："存在就是被感知。"耶鲁大学为了纪念贝克莱，设立了一个贝克莱学院，其地位可见一斑。所以贝克莱的质疑在当时也有些影响。

贝克莱画像

好了，我们要先解释一下牛顿的微积分思想。牛顿对微积分的探索并不是从数学层面开始的，而是开始于对运动之谜的探索。牛顿起初是为了研究天体运动，才发明了流数术作为其重要工具，简单理解的话，可以把每一次的运动看作一条线，线是由点组成的，两个点之间的间隔有一段静止的无穷小量。举个例子来说，如果你从家走到地铁站，你能得出一个平均速度，但是你怎么知道每一个瞬间的速度呢？按照牛顿的理论，只要那一瞬间的时间无限趋近于零就可以了，也就是无穷小的时间。事实上这与本书前文提到的芝诺悖论相关，所以很多学者会把芝诺悖论当作微积分思想的起源，有兴趣的读者朋友可以回过头重新思考一下。

我们所说的微积分一般包含微分和积分两部分，微分就是把一个东西分成无限小，求的是变化率，就是以上牛顿的思路。而积分是把无限小的东西组合在一起，求的是变化总量。

贝克莱一开始反驳牛顿的大部分内容现在看着都像杠精逻辑，一直到他问出了无穷小的问题：无穷小的时间到底是不是零？如果是零，那就不能作为分母，如果不是零，那你给出的依然是一个平均速度，而不是瞬时速度。所以在牛顿的研究里，时而可以把无穷小当作零，时而又不可以作为零，这显然是矛盾的。此外，贝克莱还攻击了一批欧洲知名的微积分相关的研究者。

牛顿并没有看到这个问题。贝克莱提出这个问题是在 1734 年的论文《分析学家》（*The Analyst*）中，这时牛顿已经去世了。

牛顿信奉自然神论，意思是上帝创造了宇宙和它存在的规则，在此之后上帝并不再对这个世界的发展产生影响。然而对大主教来说，这种思想显然不能被接受。所以一开始贝克莱的争议其实就是宗教信仰导致的。论文里面有一句很经典的话："它们既不是有限量，也不是无限小，又不是零，难道我们不能称它们为消逝量的鬼魂吗？"此后的数学家们经常用"消逝量的鬼魂"或"鬼魂"来指代无穷小。以我们现在的视角去看，倒不如说它是"恶魔"，一个吞噬了几代数学家的"恶魔"。

自从数学诞生，无穷一直就是数学中最敏感的话题之一。早在亚里士多德那个时代他就提醒过，只要涉及无穷，就可能出现各种逻辑悖论。所以他并不认同无穷的概念，在之后 2000 年的时间里，大多数数学家都在自己的研究中回避无穷的概念。但随着微积分的出现，无穷变得避无可避。

这个问题真的难倒了当时的数学家们，包括牛顿的学生朱林（James Jurin，1684—1750）以及首位在军事研究中加入牛顿力学的工程师本杰明·罗宾斯（Benjamin Robins，1707—1751）都第一时间进行了反驳。但两人的反驳缺乏论证，都有些绵软无力，连数学家们自己都看不下去。后来还有其他数学家陆续反驳过，但都没解释最要害的问题——无穷小量。

这次质疑也被称为第二次数学危机。达朗贝尔（Jean le Rond d'Alembert，1717—1783）尝试解决过这个问题，主张用更可靠的理论代替当时使用的粗糙的极限理论，但是他自己没找到这个理论。拉格朗日曾试图把整个微积分建立在泰勒公式的基础上，但仍没有解决问题。

第一次接近解决此问题的是柯西（Augustin–Louis Cauchy，1789—1857），柯西最为知名的功绩是把微积分严格化。柯西曾给出过一个解释：

无穷小是一个以 0 为极限的变量，它可以无限接近于 0，而本身并不是 0。这就解释了为什么无穷小量作为分母时，可以不看作是 0 直接除，但无穷小量在别的计算中又可以直接舍去。所以，牛顿和莱布尼茨时期的微积分，我们称为古典微积分，而从柯西开始的微积分，就变成了现在的极限微积分。

之后，魏尔斯特拉斯（Weierstrass，1815—1897）又发明了 ε-N 语言，在这个体系下，无穷小量就彻底被认为是一个极限为 0 的变量。人们靠着抛弃无穷小的概念，通过引入极限解决了贝克莱的质疑。

到这里，还有一个最简单的问题没有被解答。我们现在接触到的所有表达方式都是 $\dfrac{dy}{dx}$ 和 $\int$，这是莱布尼茨的符号。在英国和德国的争端中，看似是支持牛顿的占了上风，为什么反而我们学的是莱布尼茨的符号系统呢？除了莱布尼茨符号的相对好用、容易做运算外，还有个很重要的原因是，莱布尼茨的学生足够多，所以莱布尼茨的符号就更好地被传承下来了。莱布尼茨的绝大多数学生都在做微积分相关的研究，在他的基础上构建起了一栋微积分的"摩天大楼"。

整个 18 世纪，几乎所有叫得出名字的数学家全都在微积分方面有所涉猎，微积分可以说是那个年代数学学术最前沿的学科，每位数学家都想把自己的名字留在微积分的历史上。所以，那些真的能留下名字的人，都是在"千军万马"中挤上了这座"独木桥"。

第六章

多数的数学家性格乖戾，比如牛顿过于内向，约翰·伯努利过于强势。但欧拉看起来格外"另类"，因为他性格极佳，哪怕在失明后，依然待人温和，是数学圈子里公认的老好人。

06

微积分后的世界

第一节　写入数学史的家族：伯努利家族

微积分诞生初期的状况是混沌的，但是混沌中已初具雏形，还需要后人来精雕细琢。

莱布尼茨虽然在世时没能争过牛顿，但莱布尼茨留下了两个重要的"遗产"——雅各布·伯努利（Jakob I.Bernoulli，1654—1705）和约翰·伯努利（Johann Bernoulli，1667—1748）。

关于伯努利的故事比较复杂，其中最复杂的一点就是有好多个伯努利……伯努利是一个庞大的家族，家族最初依靠香料生意赚钱后，后代便开始走上了学术的道路。由于生活毫无经济压力，使得这个家族诞生了8位知名的数学家，其中至少有4位足以名留数学史。正是因为这个家族过于强大，所以在以往的很多文章里，大家常常会搞不清楚到底是哪个伯努利。

雅各布·伯努利是最早使用积分名词的人。他最初学习的是神学，但又十分热爱数学，并且经常和弟弟约翰·伯努利交流数学学习的心得。之后，两人一起成了家族的"逆子"，他们既没有选择继承家业，也没有去学习神学，却转而走上了成为数学家的道路。那时，两人面临的共同问题是——如果他们无法在数学上取得成就，那就只能回去继承家业了。

雅各布·伯努利画像

　　两人和莱布尼茨的关系亦师亦友。两人从未真正成为莱布尼茨的学生，但都被莱布尼茨辅导过数学，所以两兄弟的一生都在推广莱布尼茨的微积分思想和框架。两兄弟把微积分推广到了多元函数，从而建立了偏导数理论和多重积分理论，并推动了无穷级数、微分方程、变分法等微积分分支学科的发展，构建了现代初等微积分的大部分内容。当然，两人也从各个角度对牛顿进行了攻击，比如，约翰·伯努利曾经抨击过牛顿的万有引力定律，并且有理有据，导致过了很久欧洲才真正接受万有引力定律。在那场战争中，约翰·伯努利表现出极强的战斗力，他提供了一系列数学问题，证明莱布尼茨的思想是可以解决这些问题的，而牛顿的方法却无法解答。

约翰·伯努利画像

你是否以为两兄弟齐心协力搞研究并且取得成果？事实正好相反，兄弟两人的关系变成了牛顿和莱布尼茨的翻版，他们成了死对头。

两人最出名的斗争是悬链线。所谓悬链线，就是一根线，两头固定，由自身重量而形成弯曲的曲线。悬链线是一个非常早的问题，伽利略就曾提到过这种线的形式，但并没有得出任何结果。达·芬奇也研究过悬链线，他在画《抱银貂的女人》时，考虑过脖子上的项链到底应该呈现什么样的弧度才是最自然、最完美的，但达·芬奇最终也没有得出结论。当时数学家们猜测，这可能是一条类似抛物线的曲线，但惠更斯从受力分析的角度说明，这肯定不是一条抛物线。

抱银貂的女人

最早研究这个问题的是雅各布·伯努利。1690 年，雅各布·伯努利发表了一篇论文，提出了悬链线的问题。但是花了整整一年时间后，雅各布·伯努利依然没能解决悬链线的对应方程。而解决这个问题的是他的弟弟约翰·伯努利，据说他只用了一晚上的时间就推导出了结果，确定出悬链线是一个双曲余弦函数。

约翰·伯努利嘲讽过他的哥哥："我哥哥的努力没有成功；而我却幸运得很，因为我发现了全面解开这道难题的技巧（我这样说并非自夸，我为什么要隐瞒真相呢？）……没错，我研究这道题，我整整一晚没休息……不过第二天早晨，我就满怀信心地去见哥哥，他还在苦思这道题，但毫无进展。他像伽利略一样，始终以为悬链线是一条抛物线。停下！停下！我对他说，不要再折磨自己去证明悬链线是抛物线了，因为这完全是错误的。"[1]

约翰·伯努利糟糕的性格日后再一次发作，这次的对象是他的儿子。约翰·伯努利有两个儿子，丹尼尔·伯努利（Daniel Bernoulli，1700—1782）和尼古拉二世·伯努利（Nicolaus II Bernoulli，1695—1726）。约翰·伯努利和丹尼尔·伯努利两人都曾经参加过巴黎大学的科学竞赛，但是约翰·伯努利无法接受和自己的儿子参加同一个比赛，所以把亲生儿子从家里赶了出去。之后约翰·伯努利盗取了自己儿子的手稿《流体力学》（*Hydrodynamica*），并在 1738 年把它重新命名为"*Hydraulica*"公开发表。父子的关系差到如同血仇，很多年后，丹尼尔·伯努利曾经想过修复父子关系，但被约翰·伯努利拒绝了。

约翰·伯努利一生和很多人吵过架，比较有名的还有他和泰勒之间的较量，两人争论了很多年。不过，我们不能因为性格而忽视能力，约

1　Dunham W. 天才引导的历程：数学中的伟大定理 [M]. 第一版 . 北京 : 机械工业出版社，2022:213.

翰·伯努利也是一位顶级的数学家，他推动了函数的公式化，而他最为知名的成果还是大数定律，指的是样本数量越多，其算术平均值就有越大的概率接近期望值。比如，抛硬币时，如果你只抛 5 次，那可能正面出现 5 次，背面出现 0 次。但是当你抛了 10000 次，那么正面出现的概率可能就无限趋近于 50%。这事听起来很理所当然，但曾经真的有人验证过。1939 年，南非的数学家克里奇（John Edmund Kerrich，1903—1985）在丹麦被关进了集中营。当时他正在研究统计学，所以开始验证大数定律，于是在监狱里抛了 10000 次硬币，发现真的会越发趋近于 50%。这个大数定理，也是统计学最重要的定理之一。

雅各布·伯努利也不差，1695 年他提出了著名的伯努利方程，是形如 $y' + P(x)y = Q(x)y^n$ 的常微分方程。1713 年雅各布的巨著《猜度术》（*Ars Conjectandi*）正式出版，书中给出了应用范围极大的伯努利数。

雅各布·伯努利一生最热爱的是对数螺线，他发现对数螺线经过各种变换后，结果还是对数螺线。他曾留下遗言，要将这曲线刻在墓碑上，并附以颂词："纵使变化，依然故我。"不过，可惜的是，雕刻师误将阿基米德螺线刻到了雅各布的墓碑上。

经历过微积分或者高等数学考试的学生，应该都听过一句调侃的话："洛到极限不存在也要洛，一直洛到函数祖坟上去。"这个"洛"字，指的就是洛必达法则。洛必达法则过于好用，所以在中国高中阶段一直被列为"禁术"，学生只要敢用洛必达法则就判零分，而这又是大学阶段重要的学习内容。

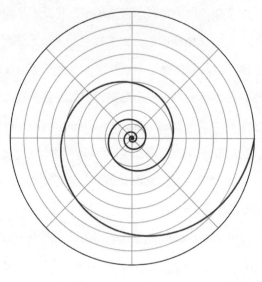

对数螺线

　　洛必达法则的命名人是纪尧姆·弗朗索瓦·安托万·洛必达侯爵（Guillaume François Antoine, Marquis de l'Hôpital，1661—1704）。洛必达在年轻时也表现出了极为惊人的数学天赋，但是让他名垂中国数学课本的并不是他的天赋，而是一份机缘。1691 年末至 1692 年 7 月，他聘请约翰·伯努利作为私人教师，跟随约翰·伯努利学习微积分，并且和约翰·伯努利签订了一纸合约。这份合约允许洛必达发表所有约翰·伯努利的成果。1696 年，洛必达发表了《阐明曲线的无穷小分析》（*Analyse des Infiniment Petits Pour L'intelligence des Lignes Courbes*），这是有史以来第一本微积分教科书，书中就包含了洛必达法则。但是有证据显示，洛必达法则的发明人其实是约翰·伯努利。所以从严格意义上来说，是洛必达购买了洛必达法则的命名权。

洛必达画像

前文提到的几个人，还一同参加过一次数学竞赛。约翰·伯努利于1696年6月在莱布尼茨负责的杂志上发表了一个挑战问题，内容为：假设地面上有两个高度不同的点 A 和点 B，其中一个点不能直接位于另外一个点上方，连接这两个点可以作出无数条的曲线，找出一条曲线，使得一个球滚完全程所需要的时间最短。这就是知名的最速降线问题。

最速降线问题

正常人的第一反应都是直线最短，毕竟从小我们就知道两点之间直线最短，但约翰·伯努利直接告知并不是这样。原本约翰·伯努利希望在1697年1月1日公布答案，但是在莱布尼茨的建议下将这个时间推迟了。约翰·伯努利还把问题的矛头指向了牛顿，甚至抄了一份问题寄给牛顿。最终在挑战结束的那一天，约翰·伯努利一共收到了五份答案，除约翰·伯努利自己的答案外，还有莱布尼茨、雅各布·伯努利和洛必达的答案，最后一份答案来自英国，虽然没有署名，但是大家都知道它来自牛顿。

可想而知，当时的数学圈子并没有多大，这里还有另一位知名的数学家，也与上述几人有关。

第二节　所有人的老师——欧拉

拉普拉斯（Pierre-Simon marquis de Laplace，1749—1827）评论欧拉的话经常被人引用："读读欧拉，他是所有人的老师。"

莱昂哈德·欧拉于 1707 年出生在瑞士的巴塞尔。欧拉的父亲是一名牧师，他很早就发现了欧拉在数学上的天赋，于是帮助欧拉联系到了约翰·伯努利。欧拉每周可以去找约翰·伯努利咨询一些问题。1723 年，欧拉取得了哲学硕士学位，学位论文内容是笛卡尔哲学和牛顿哲学。之后欧拉遵从父亲的要求，又进入了神学院学习。但此时约翰·伯努利找到了欧拉的父亲，劝说他不要浪费欧拉在数学上的才华，父亲也采纳了约翰·伯努利的建议，允许欧拉继续从事数学相关的工作。

1727 年，欧拉获得了法兰西科学院有奖征文比赛的二等奖，题目是找出船上桅杆的最优放置方法。要知道这时的欧拉甚至还没有见过海船，获得一等奖的是被誉为"舰船建造学之父"、同时也是知名数学家的皮埃尔·布格（Pierre Bouguer，1698—1758），欧拉输给他并不丢人。后来欧拉共有 12 次获得这个比赛的一等奖，据说欧拉之所以连续参加 12 次，就是为了夺回第一次参加时因只拿了二等奖而丢掉的面子。欧拉性格很好，但好胜心极强，他终其一生都在尝试解答各种猜想。

约翰·伯努利的两个儿子丹尼尔·伯努利和尼古拉二世·伯努利改变了欧拉的道路。两兄弟当时一同前往俄国圣彼得堡的俄国皇家科学院工作，但是尼古拉二世·伯努利刚到俄国一年，就因为阑尾炎去世。于是丹尼尔·伯努利联系到了欧拉，希望他前往俄国接替尼古拉二世·伯努利的位置。

这里有个题外话，伯努利家还有一个尼古拉一世·伯努利。在雅各布·伯努利这一辈人中，雅各布·伯努利排行老大，约翰·伯努利排行老三，中间还有老二，还有一个老四。尼古拉一世·伯努利就是老二的儿子。他也是一位非常出色的数学家，同时也是英国皇家学会院士。他曾经提出了圣彼得堡悖论，而解答这个悖论的就是丹尼尔·伯努利。同时，他还提出了一条在经济学上很重要的原理："财富越多人越满足，然而随着财富的增加，满足程度的增加速度不断下降。"

1727 年 5 月 17 日，欧拉前往俄国。当时的俄国皇家科学院是世界上条件最好的科学院所，依靠着俄国皇家科学院，欧拉成为知名的学者。1733 年，丹尼尔·伯努利因为不满俄国的政治环境选择离开，欧拉接替了他数学所所长的位置。在此期间，欧拉展示出了不凡的创作精力——他为当时的俄国绘制了第一张全境地图。但也是因为这张地图，欧拉遭遇了自己人生中最大的打击。他的右眼几乎失明，他认为这是绘制地图导致的。

在俄国期间，欧拉还接触到了对他影响颇大的哥德巴赫。

欧拉画像

　　克里斯蒂安·哥德巴赫是普鲁士数学家，在数学领域的研究以数论为主，以哥德巴赫猜想的提出者而闻名世界。哥德巴赫是伯努利家族的世交，同时也是莱布尼茨的好友，所以自然也和欧拉成为好友。

　　哥德巴赫猜想其实就是源自哥德巴赫与欧拉的通信，这个猜想说起来非常简单："任一大于 2 的偶数，都可表示成两个素数之和。"但是这个问题过于难，所以又提出了一个弱哥德巴赫猜想："任一大于 5 的奇数都可以表示为三个奇素数之和。"之后还延伸出一种新的表示方法："把 n 表示成

一个素因子不超过 a 个的整数与素因子不超过 b 个的整数之和，即为'$a + b$'问题。"最终的哥德巴赫猜想就是"1+1"。哥德巴赫猜想里留下过很多中国人的名字，最早的是华罗庚（1910—1985），他在 1938 年证明了弱哥德巴赫猜想的一个推广，之后的王元（1930—2021）、潘承洞（1934—1997）和陈景润（1933—1996）三人分别证明了一些特殊情况，至今最大的进展就是陈景润解决的"1+2"问题。

哥德巴赫对数论问题有着狂热的兴趣，在和欧拉的接触中，为欧拉介绍了许多费马提出的猜想。

首先，欧拉发现了费马的一个错误。

1640 年，费马提出一个猜想，认为所有的费马数都是素数。所谓费马数就是满足 $F_n = 2^{2^n} + 1$ 的数，其中 n 为非负整数。当 n 取 0、1、2、3、4 时，对应的结果是 3、5、17、257、65537。这几个数都是素数，所以费马声称找到了表示素数的公式。1729 年 12 月 1 日，哥德巴赫把费马的这个结论告诉了欧拉。这个看似并不算难的猜想，却困扰了欧拉很久。最终在 1732 年，欧拉出乎意料地以一个很简单的方法证伪了费马的猜想，因为他发现当 $n = 5$ 时，费马数是 $4294967297 = 641 \times 6700417$。进入电子计算机时代，人们验证后发现费马错得十分离谱，因为之后再也没有发现过费马素数了。现在验证过最大的费马数是 $n = 32$ 时的结果，结果均是合数。

不过，费马数在当时的数学领域并没有引起太大重视，真正让人们注意到费马数的，还是另外一个数学家高斯，我们在后文会讲到。

哥德巴赫写给欧拉的信

让欧拉在欧洲成名的是他解决了数论上重要的巴塞尔问题，这个问题是以瑞士的第三大城市巴塞尔命名的，它也是欧拉和伯努利家族的家乡。这个问题是计算所有平方数的倒数的和，也就是下列级数的和，即

$$1+\frac{1}{4}+\frac{1}{9}+\frac{1}{16}+\frac{1}{25}+\frac{1}{36}+\frac{1}{49}\cdots$$

显然，这个级数可以收敛到一个有限的和。

莱布尼茨、伯努利兄弟都曾经研究过这个问题，但均没有得出结果。

1734 年，欧拉注意到了这个问题，一开始这个问题同样难住了他，但是在经过大量计算以后，欧拉得出了一个诡异且"丑陋"的答案，这个结果大约等于 1.644934。

在数学家看来，这显然不是一个好的结果，因为它既不精确，也不美观。欧拉差点选择放弃这个问题，因为这个问题比他想象中的要难得多。但很快，欧拉意识到可以从正弦函数的泰勒级数展开式开始，用一个极为巧妙的办法证明了精准的结果应该是 $\dfrac{\pi^2}{6}$。这个结果因为 π 的出现显得极为美妙，也让欧洲的数学家们意识到，一个真正意义上的数学天才诞生了。

1736 年，欧拉还解决过一个很多中国学生都见过的问题——柯尼斯堡七桥问题。题目为：当时东普鲁士柯尼斯堡市区跨普列戈利亚河两岸，河中心有两个小岛。小岛与河的两岸有七座桥连接。在所有桥都只能走一遍的前提下，如何才能把这个地方所有的桥都走遍？

欧拉在这道题目的基础上拓展出了"一笔画问题"，指能够在不重复折返的前提下，一笔画写出一次走完该路径的条件。判断方法为：对于一个连通图，如果存在超过两个的奇顶点（连有奇数条线的点），那么满足要求的路线便不存在，且有 n 个奇顶点的图至少需要 $\dfrac{n}{2}$ 笔画出。如果所有点均为偶顶点（连有偶数条线的点），则从任何一点出发，所求的路线都能实现。换个更简单的说法就是，如果一张图能够一笔画，那么其奇顶点的个数只能是 0 或 2，其他所有情况都不可以。欧拉把柯尼斯堡七桥问题转化成了一笔画问题后，确认走法并不存在。而一笔画问题的提出也被认为是数学领域中图论的开端。图论是现在计算机科学专业的重要课程，大量计算机算法都依托于图论。

1741年6月19日，欧拉因不满俄国制度离开了圣彼得堡，到柏林科学院就职。欧拉在柏林生活了25年，并写下了超过380篇文章，其中包括他最知名的两部作品——1748年的《无穷分析引论》（*Inifinite Analysis Introduction*）和1755年的《微分学原理》（*Foundation of Integral Calculus*）。其中《无穷分析引论》被认为是欧拉最好的作品，除了作品本身的价值以外，对符号和描述的使用更是成为日后的借鉴标准。数学史学家卡尔·博耶（Carl Benjamin Boyer，1906—1976）如此评论这本书："这本书可能是最具影响力的现代教科书。正是这一著作使函数概念成为数学的基础。它普及了对数的指数定义以及三角函数的比值定义。它明确了代数函数和超越函数之间的差异以及初等函数和高等函数之间的差异。它开发了极坐标的使用和曲线参数表示的使用。现在我们习以为常的记法都来自它。一句话，《无穷分析引论》为初等分析所做的一切就如同欧几里得的《几何原本》为几何所做的一切一样。"[1]

这期间，欧拉还填上了费马的一些坑。比如，费马平方和定理，当然，这也是哥德巴赫告诉欧拉的。费马平方和定理，指的是：除以4余1的素数可表示为两自然数的平方和，如 $5 = 1^2 + 2^2$，$13 = 2^2 + 3^2$。1747年，欧拉

1　Carl Boyer. *History of Analytic Geometry*[M]. Scripta Mathematic, New York, 1956: 180.

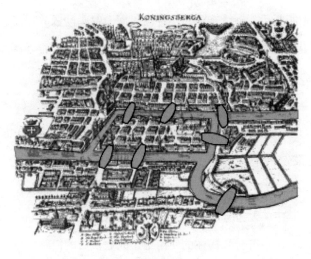

七座桥的位置

在给哥德巴赫的回信里证明了这个猜想，并且成为定理。

我们前文提到过毕达哥拉斯找到过第一组亲和数 220 与 284，然后费马找到了第二组亲和数 17296 和 18416。1638 年，笛卡尔也发现过一对亲和数：9363584 和 9437056。几乎所有数学家都研究过亲和数的问题，然而当欧拉开始研究这个问题时，就变成秀肌肉了，欧拉一下子给出了 60 对亲和数。这震惊了数学界，大家开始怀疑，到底还有什么是欧拉不能做到的。

当然，欧拉也曾失手过。比如，1778 年，欧拉猜测至少需要 n 个 n 次幂，使得它们之和等于另一个 n 次幂，比如三个四次幂之和不会产生另一个四次幂。在之后 200 年的时间里，这一条猜测一直被当作金科玉律。一方面，这是欧拉说的，大家不想反驳，也觉得没必要反驳；另一方面，有人尝试后直接放弃了。但是，1966 年美国航太公司的两名员工发现了一个反例 $27^5 + 84^5 + 110^5 + 133^5 = 61917364224 = 144^5$，这个公式里只用了四个五次幂之和就产生了一个五次幂，这一反例宣告了欧拉的错误。

1766 年，欧拉的视力持续恶化，近乎失明。但是视力的问题并没有影响他的创作，他有一半的论文是在这之后发表的，他是历史上发表论文数量第二的数学家，共计 75 卷。在欧拉辞世后，人们花了 47 年时间才把欧拉的论文整理完。据说，18 世纪的后 75 年时间里，所有的数学论文中，有三分之一来自欧拉。欧拉的研究涉及当时所有的数学方向，几乎每个方向都有欧拉发明的公式或定理。1911 年，数学界开始整理出版欧拉的所有著作，并定名为《欧拉全集》（*Opera Omnia*），迄今已出版 70 多卷，平均每卷厚达 500 多页，重约 4 磅（1 磅 ≈ 0.45 千克），加起来超过 300 磅。

多数的数学家性格乖戾，比如牛顿过于内向，约翰·伯努利过于强势。但欧拉看起来格外"另类"，因为他性格极佳，哪怕在失明后，依然待人温和，是数学圈子里公认的老好人。此外，欧拉最突出的能力是惊人的记忆力。他能记住前 100 个素数，以及这些素数的平方、立方和四次方。欧拉在失明后，依然可以做研究，很大程度就是源自他惊人的记忆力，比如靠心算算出来的第八个梅森素数 M_{31}。

欧拉一生中成就很多，以至于很难一一列举，更难在本书中解释清楚。比如，欧拉发明了欧拉公式，将三角函数与复指数函数关联起来；欧拉定义了微分方程中的欧拉－马斯刻若尼常数，也是欧拉－麦克劳林求和公式的发现者之一；欧拉写过一本名为《音乐新理论的尝试》（*Tentamen Novae Theoriae Musicae*）的书，书中试图把数学和音乐结合起来。他用希腊字母 Σ 表示累加，用 i 表示虚数，连 π 的使用也是由他推广的。更重要的是自然常数 e 是欧拉发现的，它也被命名为欧拉数，e 就是欧拉名字的首字母。

欧拉的众多成果中，对一般学生影响最大的是，欧拉第一个将函数写为 $f(x)$，以表示一个以 x 为自变量的函数。这里要特别注意一下，笔者在查阅资料时发现，部分中国的教材和教辅书中表述的都是莱布尼茨使用的 $f(x)$，但在《古今数学思想》（*Mathematical Thought: from Ancient to Modern Times*）和《数学史》（*A History of Mathematics*）两本数学史研究中非常有分量的书里都明确提到，莱布尼茨是最先使用 function 来指代函数的人，函数的定义也是莱布尼茨在 1718 年给出的："一个变量的函数是指由这个变量和常数以任意一种方式构成的量"。但最早使用 $f(x)$ 的是欧拉。这些教材和教辅书中的表述均是错误的。另外，读者朋友们有没有好奇中文的函数是怎么来的？这是在 1859 年，中国清代的数学家李善兰（1811—1882）在翻译《代数学》（*Elements of Algebra*）和《代微积拾级》（*Elements of Analytical Geometry Integral Calculus*）时第一次使用的。

我们说回欧拉。在欧拉人生最后的 17 年时间里，应凯瑟琳大帝的邀请，他返回了圣彼得堡。

欧拉的人生结局颇有浪漫主义色彩。1783 年 9 月 18 日晚饭后，欧拉喝着茶和小孙女玩耍，突然烟斗掉落在地上，他弯腰去捡，便没能再起来。

欧拉的最后一句话是："我死了。"

　　法国哲学家兼数学家孔多塞（Marie Jean Antoine Nicolas de Caritat，
1743—1794）评价欧拉的死时说："欧拉停止了计算和生命。"

1980 年版 10 元瑞士法郎正面的欧拉肖像

第三节　拉格朗日和拿破仑时代的数学家们

　　拉格朗日的名字经常和欧拉同时出现，他们被公认为 18 世纪最出色的两位数学家。关于两人究竟谁更出色的问题，甚至曾引起过数学界的广泛争论。当然这都是后人的争议，拉格朗日年轻时，受到欧拉的多次提携，两人的关系非常好。

　　与欧拉一样，拉格朗日也是一位全才，他在数学、力学和天文学上都有过突破性的发现。拉格朗日出生在意大利都灵，这里因为曾经被法国占领，所以有法国血统的人极多，拉格朗日就是意法混血，其祖父是法国骑兵队的队长。

　　拉格朗日最令人熟悉的成就是引入了函数 $f(x)$ 的导数 $f'(x)$，以及理工科学生都熟练掌握的拉格朗日中值定理：如果函数 $f(x)$ 满足在闭区间 $[a, b]$ 上连续，在开区间 (a, b) 内可导，则必存在一点 ξ，$a < \xi < b$，使等式 $f(b) - f(a) = f'(\xi)(b-a)$ 成立。

　　拉格朗日的父母共育有 11 个子女，但大多夭折，拉格朗日为长子，是活到成年的两个子女之一。拉格朗日小时候家里十分富裕，但是因为父亲投资失败，导致经济状况一落千丈，但这对于拉格朗日来说不一定是坏事。

他自己就提起过，如果年轻时候没有遇到经济困难，可能日后就不会做研究了。当时父亲希望他成为律师，拉格朗日也并不反对，年轻的拉格朗日没有展现出任何对数学的兴趣，学生时期的拉格朗日最大的兴趣是古典文学。

拉格朗日画像

17 岁时，拉格朗日读了爱德蒙·哈雷介绍牛顿微积分成就的短文《论分析方法的优点》(*An Instance of the Excellence of the Modem Algebra, in the Revolution of the Problem of Finding the Foci of Optick Glasses Universally*)，

这才开始真正热爱上数学，并且选择了将数学分析作为研究方向。

1754 年，18 岁的拉格朗日写了自己的第一篇论文，并且翻译成拉丁语寄给了欧拉，没过多久，他就收到了欧拉的回信。信中欧拉告诉拉格朗日，他的研究成果在半个世纪前，已经被莱布尼茨和约翰·伯努利在通信中解决了。然而这并没有打击到拉格朗日，反而激励了他。

1755 年 8 月 12 日，拉格朗日又给欧拉写了一封信，欧拉看到后给予了极大的肯定，让拉格朗日在当时收获了不小的名气。之后他就被任命为都灵皇家炮兵学校教授，这一年他只有 19 岁。也是在这一年，拉格朗日开始撰写《分析力学》（*Analytical Mechanics*）一书，这本书一直到他 52 岁的时候才出版。书中包含了分析力学的重要方程，以及可以用于描述物体运动的拉格朗日方程。

1762 年，法兰西科学院组织了一场征文比赛，题目是解释月球如何自转，以及为何自转时总是以同一面对着地球，拉格朗日获得了最终大奖。这也是拉格朗日的成名战，大量知名的数学家和天文学家都参加了这场比赛，谁也没想到夺冠的居然是这个年轻人。两年后，法兰西科学院又一次组织了比赛，题目是木星的 4 颗卫星和太阳之间的摄动问题，也就是所谓"六体问题"，拉格朗日再一次夺冠，而这时他已成为欧洲最有名的学者。

1763 年，一个人的出现改变了拉格朗日，他是法国知名的数学家和物理学家达朗贝尔。达朗贝尔和拉格朗日成为好友，他一直希望拉格朗日能来普鲁士，于是给普鲁士国王腓特烈大帝写信，建议邀请拉格朗日前来。

国王便写信给拉格朗日，表示在"欧洲最伟大的王"的宫廷中应有"欧洲最伟大的数学家"。但当时欧拉还在柏林，拉格朗日并不想与欧拉竞争，所以主动放弃了。1766年3月，达朗贝尔告知拉格朗日，欧拉已经决定离开柏林，拉格朗日才接受邀请。一直到欧拉离开柏林去往圣彼得堡，拉格朗日才到了柏林，担任柏林科学院物理数学所所长。所以，拉格朗日从未想过与欧拉争夺荣誉。

1787年后，拉格朗日已经很少做数学相关的研究了，他的工作重心放到了力学相关的研究上。

1794年，化学家拉瓦锡（Antoine-Laurent de Lavoisier，1743—1794）被推上了断头台，与其他27个税务官一起被处死。这件事极大地刺激了拉格朗日，他感叹道："他们只一瞬间就砍下了这颗头，但再过一百年也找不到像他那样杰出的脑袋了。"之后拉格朗日先是任教巴黎高等师范学校，然后又成为巴黎综合理工学院的第一位教授，未来知名的数学家柯西就是他的学生。

这一时期的法国涌现出了非常多的自然科学家和数学家，因为拿破仑非常热爱科学，巴黎综合理工学院就曾用来培养军官的科学素养。被称为"法兰西的牛顿"的拉普拉斯曾是拿破仑的老师。在拿破仑的埃及远征军中，有175名做各种学问的学者。拿破仑曾下达过一条著名的指令："让驴子和学者走在队伍中间。"在远征埃及时，拿破仑除了发现罗塞塔石碑外，还在金字塔内拿出了泥板楔形文字用于学术研究，本书一开始的那些研究成果，就是从拿破仑开始的。

拿破仑画像

在拿破仑的远征队伍里，有两位非常知名的数学家。

第一位是加斯帕·蒙日（Gaspard Monge，1746—1818）。蒙日是巴黎综合理工学院的创始人和校长，同时也是一位知名的数学家，他先是发明了画法几何，也就是一种在平面上描绘三维空间的方法；更重要的是他开创了微分几何，微分几何是以微积分为工具研究曲面的几何学。欧拉和高斯都曾在微分几何上有过研究，但蒙日完成了完整的理论。日后黎曼（Georg Friedrich Bernhard Riemann，1826—1866）在这个基础上创建了黎曼几何。

　　第二位是大家更熟悉的傅里叶（Jean Baptiste Joseph Fourier，1768—1830）。傅里叶曾先后在巴黎高等师范学校和巴黎综合理工学院教书，在前往埃及的路上，全能型的傅里叶还负责过军火制造。中国大部分工科生都接触过的傅里叶变换就是他发明的，此外，我们现在经常听到的温室效应，也是源自傅里叶。

蒙日画像

拿破仑对科学的热爱不只体现在善用科学家上，拿破仑自己也认真学习过数学和物理，他甚至提出过一个数学猜想：只用圆规，不用直尺，如何把一个圆周四等分？这个问题被因为战争而困在巴黎的意大利数学家马斯凯罗尼（Mascheroni Lorenzo，1750—1800）解决了，他谄媚地写了一本书，特地送给了拿破仑。

第四节　数学王子高斯

　　前文曾提到过一次，研究数学的人，大多成长在有一定经济实力的家庭，有的家庭有钱，有的家庭有权，有的家庭是数学世家。这个模板在高斯的身上突然失灵了，高斯的父亲是个工人，母亲不识字，甚至不记得高斯的生日。也是因为母亲不记得他的生日，长大后的高斯应用计算日期的"高斯算法"，计算出了自己的生日。高斯是数学史上真正意义上的寒门贵子，他的成名依靠的就是过人的天赋。

　　高斯是德国的数学家、物理学家和天文学家，也有人称其为"首席数学家"。

　　关于高斯，大多数人都听过这么一个故事：当高斯 9 岁时，老师出了一道题，内容是求 1 到 100 的和。高斯极快地给出了答案，并且方法很简单，正数第一个数字 1 和最后一个数字 100 相加，正数第二个数字 2 和倒数第二个数字 99 相加……这样加下去每组数字相加的结果都是 101，而一共有 50 组，所以结果就是 5050。这个算法就是我们小学都会学到的等差数列口诀：首项加末项乘以项数除以 2。但这个故事的真实性被很多人质疑。

高斯画像

关于高斯幼时的故事，我们唯一可以确定的就是他的生活很拮据。和当时大部分底层家庭一样，高斯的父亲认为学习是无用的，所以并没有在他的学习上投入太大精力，不过父亲也没有禁止高斯学习。

早在高斯 12 岁时，就确定了改变数学史的研究方向，他在阅读《几何原本》时已经开始怀疑一些看似基础的定理和证明，并在 16 岁时预测会出现一门全新的几何学。

高斯年轻时最大的成就是用尺规作正十七边形。高斯曾提到过为什么要做正十七边形："每个略通几何的人都清楚地知道，许多正多边形都可以用几何方法作出，即正三角形、正五边形、正十五边形以及它们的 $2n$（n 是正整数）倍的正多边形。远在欧几里得时代，人们就已懂得这一点，而且从那时起，人们似乎就已经相信，初等几何的疆界是不可能再扩展的……然而，我认为，除了这些常规的多边形外，更非凡的是同样可以用几何方法作出一些其他图形，如正十七边形。"[1] 高斯一生成就诸多，但是特别偏爱这个，所以高斯要求在自己的墓碑上刻上一个正十七边形，但因容易被错看成圆形而被石匠拒绝。

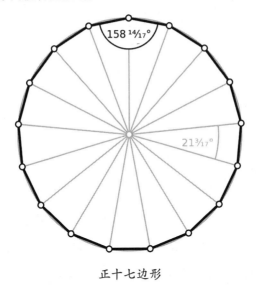

正十七边形

高斯还把正十七边形和费马数联系到了一起，他提出：如果多边形的

1　Dunham W. 天才引导的历程：数学中的伟大定理 [M]. 第一版 . 北京 : 机械工业出版社，2022: 260–270.

变数是费马数的话，只有是素数的情况下才可以用尺规作图。如前文所述，现在已知的费马数素数只有 3、5、17、257、65537 五个。但是高斯并没有给出证明，1837 年，法国数学家皮埃尔·汪策尔（Pierre Wantzel，1814—1848）给出了一份完整的必要性的证明，因此这个定理被叫作高斯 - 汪策尔定理。

这里有个题外话，还记得本书一开始提到过，古希腊三大难题中的两个：①提洛斯难题，指的是给定一个立方体的边，仅用圆规和直尺能不能画出另一个立方体，让它的体积是原立方体的两倍；②给定一个角，用圆规和直尺画出另一个角，它的度数是给定角的三分之一。这两大难题，就是被皮埃尔·汪策尔利用伽罗瓦理论证明不可行的。这个理论的提出者伽罗瓦（Évariste Galois，1811—1832）是数学史上最传奇的人物之一，后文关于群论的内容会提到他。

高斯的能力并不只是体现在数学上，他帮助当时的天文学界解决过一个大问题。意大利天文学家朱塞普·皮亚齐（Giuseppe Piazzi，1746—1826）在 1801 年 1 月 1 日发现了谷神星，震惊了天文界。之所以能引起轰动，还要从更早的一件事说起。1766 年，德国的一位大学教授约翰·达尼拉·提丢斯（Johann Daniel Titius，1729—1796）发现了于太阳系中行星轨道半径的一个简单的规则，这个规则可以表述为 $a = \dfrac{n+4}{10}$，$n = 0, 3, 6, 12, 24, 48 \cdots$（$n \geq 3$ 时，后一个数字为前一个数字的 2 倍），这个 a 就是行星到太阳的距离。所以可以根据这个结论反推，在某个距离内应该会有行星，这个发现也被称为提丢斯 – 波得定则（Titius–Bode law）。1781 年，赫歇尔（Friedrich Wilhelm Herschel，1738—1822）按照这个定则推算出了天王星的位置，也就是 $n = 192$ 的情况，自此，人们就对这一定则深信不疑了。但在 $n = 24$ 这个位置上，天文学家一直没有发现行星，而这个观测距离又不远，所以人们一窝蜂地在找这颗行星。而皮亚齐发现了这颗后来被称为谷神星的行星，相当于蹭到了当时天文学最大的热点。但没过多久，皮亚齐就遇到了一个尴尬的问题，因为生病，他有两天没进行观测，就找不到这颗行星了。大批天文学家都尝试寻找，甚至成立了专门的组织，但也毫无线索。于是可能是当时天文学界最大的笑话出现了，他们把一颗行星给"弄丢了"。

高斯知道这件事后，通过数学方法计算，用了几周时间，算出了谷神星的运行轨道，并把 1801 年 12 月 31 日谷神星的位置发给了当时一个天文学期刊的编辑。结果这位编辑在这一天，真的在高斯提供的位置发现了谷神星。这时距离人们"弄丢"谷神星已经过去了将近一年的时间，而这时的高斯只有 24 岁。

19 世纪后，欧洲学术圈最热点的话题毫无疑问是电。于是 1830 年开始，高斯把工作重心放在了电磁方面的研究上，他创造了测量地球磁场的方法，并与韦伯（Wilhelm Eduard Weber，1804—1891）一起研究电流磁场的规律，由此制成利用电流控制磁针偏转的装置，无线电报就是在这个技术的基础上发明的。电磁场理论的创始人、麦克斯韦方程组的发明人麦克斯韦（James Clerk Maxwell，1831—1879）感叹过高斯的成就："高斯对磁学的研究，他所使用的工具、观察的方法和结果的计算，重新构造了整个科学。"

因为电磁研究和天文学研究占据了高斯的大部分精力，所以高斯在人生最后的 20 年里，只发表了两篇影响力较大的数学相关的论文。

1855 年 2 月 23 日，高斯死于心脏病发作。

高斯还培养过另外一个寒门贵子，名为黎曼。

德国马克[1]的 10 元纸币上高斯的头像

1　德意志联邦共和国时期货币，两德统一后，于 1990 年 7 月 1 日起通行全国。2002 年 7 月 1 日起停止流通，被欧元取代。

第五节　柯西完善微积分

　　就成就而言，在 18 世纪到 19 世纪的数学家中，柯西绝对可以排进前三名；但就受到的争议而言，柯西或许可以排第一。

　　柯西出生于法国的一个富裕家庭，他幼时恰逢法国大革命，所以父亲带着柯西到了乡下，由自己亲自教育。虽然柯西的父亲自己已经是足够优秀的教师，但他仍不满足，为柯西找来了两位重量级的学者。第一位是化学家贝托莱（Claude Louis Berthollet，1748—1822），他是当时法国最知名的化学家，氯气漂白效应的发现者，曾经与蒙日和傅里叶一起去过埃及，同时还是拿破仑的科学顾问。贝托莱一直在为柯西辅导科学知识，是柯西的启蒙老师。另一位是知名数学家和天文学家，被称为"法兰西的牛顿"的拉普拉斯。当时法国数学界有三个"L"，即拉格朗日（Lagrange）、拉普拉斯（Laplace）和勒让德（Legendre），这三人在当时都是最顶尖的数学家。贝托莱和拉普拉斯住在一个院子的两个房子里，邻居就是柯西。

　　父亲望子成龙，后面还为柯西找了另一个更牛的老师——"3L"中的拉格朗日。拉格朗日是柯西父亲的好友，在见识到柯西的数学能力后，拉格朗日当时已经预言，未来的柯西会成为伟大的数学家。柯西一家返回巴黎后，柯西父亲的办公室就在拉格朗日的旁边，于是直接把柯西"寄存"在拉格朗日的办公室，让他随时请教这位老师。

　　柯西算是含着银汤匙出生的，其年轻时的受教育质量是其他数学家终身不可得的。在这三人的悉心栽培下，柯西想不成才都难。

柯西照片

　　1805 年，柯西考上了巴黎综合理工学院，但他的校园生活并不开心。柯西是虔诚到有些顽固的教徒，而巴黎综合理工学院是当时新思想"无神论"的主要阵地。无神论者都嘲笑柯西，而柯西还曾经试图劝他们皈依。毕业后，柯西曾考虑过当工程师，但由于他身体不好，所以拉普拉斯劝他转换方向，认真研究数学。柯西一开始并没有采纳这个建议，但几经周折后他意识到，工程师确实并不适合自己，坐在办公室里搞研究才能发挥自己的优势。

年轻时的柯西不是特别喜欢数学，他的爱好同样是古典文学，但他依然展示出了极高的数学天赋。费马曾经提出过一个多边形数定理，内容为：每一个正整数最多可以表示为 n 个 $n-1$ 边形数的和。比如，前文提到过三角形数，是一定数目的点或圆在等距离的排列下可以形成一个等边三角形的数，而四边形数其实就是完全平方数。这个命题就是每一个数最多可以表示为三个三角形数之和、四个平方数之和、五个五边形数之和，依此类推。此后的知名数学家几乎都研究过这个问题，包括欧拉在内，都没有给出解答。1770 年拉格朗日证明了平方数的情况，1796 年高斯证明了三角数的情况。1813 年，24 岁的柯西直接给出了一个通用的证明法，为多边形数定理钉上了"棺材板"。1814 年，柯西完成了单复变函数的积分理论。单复变函数有三大理论，分别是柯西的积分理论、魏尔斯特拉斯的级数理论和黎曼的几何理论。这时的柯西仅仅 25 岁。

27 岁时，柯西就成为法兰西科学院院士。这背后并不是一帆风顺的。穷人出身的蒙日在大革命期间支持革命党，并和拿破仑成为好友。就连拿破仑流亡的时候，蒙日还在支持他。1815 年 3 月 20 日，正处于被流放状态的拿破仑从厄尔巴岛逃回法国，重新集结军队，推翻了波旁王朝并再度称帝。111 天后，拿破仑再次下台，史称"百日王朝"。之后波旁王朝要求学者们宣誓效忠，蒙日不愿宣誓，于是被除名，柯西成为其继任者。柯西的上任帮助了波旁王朝的复辟，彼时柯西是波旁王朝的绝对拥护者，有点"狗腿子"的味道，欧洲学术圈的人痛骂柯西的利己主义。

1830年法国爆发了推翻波旁王朝的革命。当时规定在法国担任公职必须宣誓对新法王效忠，由于柯西属于拥护波旁王朝的正统派，拒绝宣誓效忠，并自行离开了法国。1832年到1833年，柯西担任意大利都灵大学数学物理教授。1833年到1838年，柯西成为波旁王朝王储波尔多公爵的教师。

1838年，柯西回到了巴黎，由于他没有宣誓效忠法王，所以不能讲课，只能自己搞研究。1848年法国又爆发了革命，重新建立了共和国，废除了公职人员对法王效忠的宣誓。柯西终于回到讲台，1848年开始担任巴黎大学数理天文学教授。1852年拿破仑三世发动政变，法国从共和国变成了帝国，恢复了公职人员对新政权的效忠宣誓，彼时柯西再次辞职了。

1857年5月23日，柯西因热病逝世，享年68岁。临终前，他还与巴黎大主教在聊天，他说的最后一句话是："人总是要死的，但是，他们的功绩永存。"

柯西一生高产，共著有全集28卷，论文近800篇，是继欧拉之后最高产的数学家。但柯西的高产备受争议，由于其论文质量飘忽不定，有"灌水"之嫌。或许是因为柯西论文发表得太多，且均是长篇大论，导致科学院承担了巨大的印刷压力，所以开始限制他的论文长度，以降低成本。柯西的一生伴随着争议，除政治主张外，过于激进的宗教主张也贯穿他一生，他周围的所有人都要忍受他无休止的传教。此外，很多数学家在日后都批判过柯西的傲慢。在世时，柯西先后冷落了两位本应成为知名数学家的年轻人，导致群论的研究被拖延了几十年，甚至间接害死了这两位年轻人，他们的故事在后文会提到。

柯西最大的成就大多体现在微积分上，在常微分方程和复变函数上也有革命性的成果。作为中国学生最熟悉的应该还是柯西中值定理，这是拉格朗日中值定理的推广。此外如果阅读柯西的论文还会发现，其中的内容已经十分接近现代的微积分了。这是因为当时柯西主张要把微积分严格化，就像前文提到的，牛顿和莱布尼茨在作微积分定义时，模棱两可和证明模糊的内容极多。而柯西认为，想要微积分良性发展，就必须要严格化。所以柯西以逻辑严格化为目标，对微积分的基本概念，如变量、函数、极限、连续性、导数、微分、收敛等给出了明确的定义，并在此基础上重建和拓展了微积分的事实与定理。约翰·冯·诺依曼就提到过："严密性的统治地位基本上是由柯西重新建立起来的。"不过真的完全严格化还经历了一个漫长的过程，之后魏尔斯特拉斯、戴德金和康托尔（Georg Ferdinand Ludwig Philipp Cantor，1845—1918）三人都为其提供了重要的理论基础。

1900 年巴黎国际数学家大会上，庞加莱在开幕式上宣称："现在我们可以说，完全的严格性已经达到了！"这句话宣布了微积分自诞生以来最大的问题得以盖棺定论，但是当时的人们还不知道，在这次大会上大卫·希尔伯特（David Hilbert, 1862—1943）提出了 23 个问题，这些问题影响了整个 20 世纪的数学发展。

第七章

伽罗瓦去世后，他的朋友整理了他的全部成就——一共只有 61 页，发表在一本小众刊物上，并寄给了高斯和雅可比，但均石沉大海，无一人回复。直到刘维尔整理后于 1846 年重新发表，人们这才明白，原来这个 20 岁少年留下了一张通往数学新大陆的船票。

07

第一节　颠覆认识的非欧几何

读者朋友们有没有对一些早已熟悉，甚至被当作客观规律的事情感到怀疑？数学史上也有这样一些人，他们在学过几何以后，开始对 2000 多年前的一个小问题产生了怀疑。

1796 年，F. 波尔约（Farkas Bolyai, 1775—1856）进入哥廷根大学学习，在这里他认识了高斯，两人关系很好，经常形影不离地讨论数学。高斯曾经把 F. 波尔约带到家里，高斯的母亲问 F. 波尔约，自己的儿子是不是真的如大家所说的那么聪明，F. 波尔约告诉高斯的母亲，高斯一定会成为欧洲最伟大的数学家。母亲听后十分高兴，这是她第一次确信自己的儿子是个天才。

F. 波尔约在学术上并没有取得太多的成就，因为他一辈子都在研究一件看似没结果的事，那就是欧式几何中的第五公设：若一条直线与两条直线相交，在某一侧的内角和小于两个直角，那么这两条直线在各自不断地延伸后，会在内角和小于两直角的一侧相交。简而言之，他用了一辈子的时间，尝试研究一个看似理所当然的问题：两条平行线是不是一定不相交？

第五公设也一直是数学家们的心病。首先，它很长，相较于其他的四条公设来说不容易弄懂；其次，它的描述更像是一种需要被证明的定理。达朗贝尔就表示过，第五公设是"几何学家的家丑"。德国数学家克吕格尔（Klügel，Georg Simon，1739—1812）曾经公开质疑过平行公设：人们接受欧几里得平行公设的正确性是基于经验。这背后的意思是接受平行公设并不是基于证明。

历史上的数学家们为了解决这条公设看起来丑陋的问题，想出了一个奇妙的办法，那就是找到其他公设来替代它。最为知名的是苏格兰数学家约翰·普莱费尔（John Playfair，1748—1819）所提出的普莱费尔公理，内容为："分别在同一个平面上的一条直线和一个点，任意画直线穿过该点，最多只能画出一条直线与原来已有的直线平行。"这条公理曾被很多数学家采用过，甚至出现在中国的课本里。最为知名的应用来自大卫·希尔伯特，他在提出希尔伯特公理时就使用了普莱费尔公理。所以在当时，研究第五公设的数学家们，通常也是从普莱费尔公理开始的。

F. 波尔约知道这条道路很可能是条死胡同，所以从小教儿子学数学，但是也告知儿子不要重复他的研究方向。可是他的儿子并没有听从父亲的建议，偏偏选择了和父亲一样的道路。他的儿子名为 J. 波尔约（János Bolyai，1802—1860）。

J. 波尔约在大学时开始研究平行公设，父亲知道后语重心长地给儿子写过一封信，劝他换一个研究方向。信里提道："它将剥夺你所有的闲暇、健康、思维的平衡以及一生的快乐，这个无底的黑暗将会吞吃掉一千个灯塔般的牛顿。"[1] 但是儿子并没有在意，选择继续走上了这条路。

J. 波尔约

21 岁时，J. 波尔约完成了论文，论文中构建了一种全新的几何学。但父亲 F. 波尔约无法接受书中的理论，可能是因为太过超前，也可能是因为太难理解。这并不是父亲的问题，因为当时所有的数学家都不理解这种新的几何学。

1 蔡天新 . 数学与人类文明 [M]. 第一版 . 北京 : 商务印书馆 , 2012: 248.

1831 年 6 月 20 日，F.波尔约希望了解自己儿子的理论是不是正确的，于是把 J.波尔约的论文寄给了好友高斯，但却石沉大海。一直到 1832 年 3 月 6 日，两人才收到了高斯的回信："如果我一上来就说我不能赞赏这项工作，你一定会大吃一惊，但我不得不这么说，因为赞赏这篇附录就等于赞赏我自己。实际上这篇附录的方法和结果，都和我三十年来的某些工作极其类似……我认为你的儿子有着一流的天赋。"F.波尔约看到这封信后十分开心，但 J.波尔约看后却异常愤怒，他认为高斯想抢夺他的劳动成果。

那高斯是不是真的要靠自己的影响力抢夺 J.波尔约的成果呢？答案是否定的。

早在高斯 15 岁时，就考虑过可能存在一种逻辑上的几何，让欧几里得的平行公设不成立。因为 F.波尔约是做这方面研究的，所以两人曾多次通信，讨论平行公设。1813 年，高斯的笔记里就使用了非欧几何的名称。从 1814 年开始，高斯的笔记里大量出现与非欧几何相关的内容，并在 1824 年与朋友的通信中，再一次提到，他可能发现了一种新的几何。高斯去世后，人们整理他的笔记时，发现了多达 146 条关于非欧几何的记录，其中大部分内容都领先于同时期的学者的研究。而高斯生前从未正式发表过关于非欧几何的论文，究其原因是当时教会势力庞大，非欧几何相当于颠覆了教会学者上千年的研究。由于担心被报复，因此高斯选择了沉默。

当时，人们并没有重视 J.波尔约的发现。1840 年，另外一位俄罗斯人的论文被翻译成德文发表，这让 J.波尔约意识到，其实早有人在他之前完成过他的研究。此后，备受打击的 J. 波尔约的运气极差，先是遭遇了车祸导致残疾，之后经历了失败的婚姻，生活一直极为贫困，最终渐渐被人们遗忘。1860 年，J. 波尔约去世时甚至被葬在无名公墓里——给那些无人问津的流浪汉们准备的公墓。

APPENDIX.

SCIENTIAM SPATII *absolute veram* exhibens:
a veritate aut falsitate Axiomatis XI *Euclidei*
(a priori haud unquam decidenda) in-
dependentem: adjecta ad casum fal-
sitatis, quadratura circuli
geometrica.

———•———

Auctore JOHANNE BOLYAI de eadem, Geometrarum
in Exercitu Caesareo Regio Austriaco
Castrensium Capitaneo.

《绝对空间的科学》是一篇附录

1894 年，非欧几何开始受到重视后，匈牙利数学物理学会为他修建了墓地。比较讽刺的是，J. 波尔约影响力最大，也就是开创了非欧几何的论文《绝对空间的科学》(*The Science Absolute of Space*)，其实只是以附录的形式发表在自己父亲出版的一本教材中。这区区 26 页的论文，被认为是数学史上影响力最大的论文之一。由于是以附录形式发表的，所以现在人们也会用附录 (*Appendix*) 直接指代它。

而那个打击到 J. 波尔约的俄罗斯人也值得一提，他叫罗巴切夫斯基。

尼古拉·伊万诺维奇·罗巴切夫斯基 (Никола́й Ива́нович Лобаче́вский，1792—1856) 出生在一个贫困的家庭里，父亲在他 7 岁时就过世了。罗巴切夫斯基和他的两个兄弟靠着优异的成绩，拿到政府奖学金，才能完成学业。1807 年，15 岁的罗巴切夫斯基进入了刚成立三年的喀山大学。喀山大学在成立初期，招募了一批德国教师，其中包括马丁·巴特尔斯 (Johann Christian Martin Bartels，1769—1836)，他曾是高斯的老师，也是高斯的挚友。

起初，罗巴切夫斯基进入喀山大学主要是想学习药理学和化学，但是他渐渐发现了数学的美妙，于是把越来越多的精力投入到了数学和物理研究当中。1811 年，罗巴切夫斯基毕业，并选择了留校进行研究。之后几年时间里，德国人开始被普遍排挤，那批德国教师陆续离开喀山大学，导致学校出现了大量的职位空缺。于是 1820 年，罗巴切夫斯基被推选成为学校的物理数学院院长。

罗巴切夫斯基逝世 100 周年时发行的邮票

喀山大学对罗巴切夫斯基来说是他一生的归宿。他在喀山大学度过了
50 年的时光,除教职外,他还曾担任图书馆馆长、博物馆馆长和校长,他
甚至还学习了建筑学,并主持了喀山大学的翻新工作。据说,曾有人来到
喀山大学参观,门口遇到一个貌似清洁工的人在擦地,就对这个清洁工说,
能不能带自己参观一下喀山大学。清洁工同意了,带着客人参观了图书馆
和博物馆。临走的时候,客人决定给清洁工一点小费,但清洁工拒绝了。
这时,客人才知道,原来这位"清洁工"是当时喀山大学的校长罗巴切夫
斯基。

罗巴切夫斯基在担任校长期间，喀山大学成为东欧最好的大学之一，甚至是一所优秀的全科大学。列夫·托尔斯泰（Лев Николаевич Толстой，1828—1910）进入喀山大学学习时，就是罗巴切夫斯基在担任校长，日后列宁也曾在此就读。罗巴切夫斯基虽然官场得意，但在学术上一直没能扬眉吐气。

1826年2月23日，罗巴切夫斯基在喀山大学发表了第一篇非欧几何论文，然而却无人问津，连论文的原稿都遗失了。1829年，已经成为大学校长的罗巴切夫斯基，凭借着自己在学校的影响力，在喀山大学的学报《喀山通讯》上发表了重要的《论几何学原理》（*On the Origin of Gemetry*）。他之所以选择在自己学校的校报上发表，是因为除了这所学校以外根本没人理会他。但哪怕在自己的学校里，他的日子依然不好过。老师和学生不好当面反驳他，所以只能采用冷处理的方式，整所学校中无人讨论他的论文。

大家都觉得，罗巴切夫斯基提出的东西太诡异了，没人明白他这套逻辑到底有什么用途。不夸张地说，当时学校的师生可能都认为自己的校长脑子有些问题。

1832年，不甘心的罗巴切夫斯基又将论文提交给圣彼得堡科学院进行评审，圣彼得堡科学院的人也觉得这篇论文谬误连篇，甚至怀疑罗巴切夫斯基的能力是否能够胜任喀山大学的校长。罗巴切夫斯基此后遭遇到了国内学术圈的大量谩骂，有人在杂志上发文写道："既然罗巴切夫斯基都把平行线想象成相交了，那为什么不把黑的也想象成白的，把圆的也想象成方的？"

当然，我们不能怪这些人，在过去 2000 年的时间里，所有人学习的都是欧式几何。在他们看来，罗巴切夫斯基的观点和人们的日常经验完全背离，相当于在跟他们说其实 1+1 等于 3 或者两个男人也可以生孩子。普鲁士哲学家康德（Immanuel Kant，1724—1804）甚至曾经断言过物质世界必然是欧几里得式的，欧式几何是唯一的。

此外，还有一个很大的问题是从《几何原本》开始的，几乎所有的数学知识都是以几何为基础的，如果更换了这个地基，那所有数学家的知识都作废了，没人希望看到这一切发生。艾萨克·巴罗曾经明确地表示过，他的数学，包括微积分在内都是建立在几何的基础上的，并且列举了八项理由：概念清晰、定义明确、公理直观可靠而且普遍成立、公设清楚可信且易于想象、公理数目少、引出量的方式易于接受、证明顺序自然、避免未知事物。反对欧式几何，相当于是在和当时的数学家集体作对。

1840 年，罗巴切夫斯基的论文被翻译为德文。J. 波尔约看到的就是这篇论文，高斯同样也看到了，当时的高斯已经意识到了罗巴切夫斯基开创了一个全新的时代，并且称他为俄国最卓越的数学家之一。高斯甚至专门学习了俄语，为的就是可以直接阅读罗巴切夫斯基的原文。但高斯并没有公开支持过他的非欧几何的论文。高斯犹豫了，如同前文提到的，他害怕教会的报复，所以选择了沉默。但高斯也不想埋没这个年轻人，所以推选罗巴切夫斯基为哥廷根皇家科学院通讯院士，在推荐信里，高斯高度赞扬了罗巴切夫斯基的能力，但是却对非欧几何闭口不谈。

1846 年，已工作满 30 年的罗巴切夫斯基向俄国人民教育部提出辞呈，这本来是一个标准流程，工作满 30 年的人一般会主动辞去教职，但保留一些学校内的其他职务。而俄国人民教育部除了免去他的教职外，还免去了他所有的职务，显然政府早就对这个没什么学术成果的校长感到不满了。罗巴切夫斯基被彻底抛弃了。

退休后，罗巴切夫斯基依然没有放弃研究，但是这时，他儿子因病去世，加之他自己也因疾病失明，承受着精神和肉体的双重打击，只能在曾经的学生的帮助下，口述完成了最后一部著作《论几何学基础》(*New Foundations of Geometry*)。1856 年 2 月 12 日，罗巴切夫斯基在耻辱和不甘中走完了人生最后一段路。

罗巴切夫斯基去世前一年，高斯去世。高斯去世后，周围人一直在整理他的手稿，并在其中发现了大量与非欧几何以及罗巴切夫斯基相关的内容。这时人们才意识到，罗巴切夫斯基的理论或许宛如一座金库。

同时，高斯也低估了自己在科学界的影响力，在非欧几何公布后，根本没有教会敢公开质疑。高斯就是当时数学界的上帝。

在 J. 波尔约的笔记中称这个新的几何学是绝对几何学，而罗巴切夫斯基称其为虚几何学。高斯、J. 波尔约和罗巴切夫斯基三人彼此完全独立地发现了非欧几何。从时间来看，高斯发现得最早，其次是 J. 波尔约，最晚的是罗巴切夫斯基。但从理论的完备性来说，罗巴切夫斯基则远超其他两人。所以新的非欧几何，也被称为罗氏几何。

用最简单的方法去解释罗氏几何，就是将第五公设改成"过直线外一点，有多条平行线"。更为直观的解释是：罗氏几何的面是马鞍形的，或者说是双曲面。有一个典型的特性是三角形的内角和小于180°。

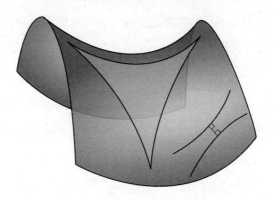

双曲面下的三角形和平行线

罗氏几何并不是唯一的非欧几何，相比之下应用范围更广的是黎曼几何。罗氏几何是把几何拓展到双曲面上，而黎曼几何是想象一个球体，球面上的每个圆都可以看作直线，任意两条的直线一定是相交的。所以黎曼几何是把第五公设改为了"过直线外一点，没有直线的平行线"。因为使用了球形，所以黎曼几何也被称为椭球几何。

黎曼几何来自伟大的德国数学家伯恩哈德·黎曼。

黎曼照片

　　黎曼出生在汉诺威附近的一个小村庄，距离高斯的故乡很近。黎曼幼时的家庭条件很差，因为营养不良而经常生病。但黎曼非常热爱学习，14岁时，他搬到汉诺威和祖母一起生活，并且遵从父亲的建议，准备成为一名传教士。因为黎曼表现出来超乎寻常的学习能力，所以老师允许他随意借阅图书馆的书籍。有一次他拿到一本非常厚重的数学书，是法国数学家勒让德（Adrien–Marie Legendre，1752—1833）的著作《数论》（*Number Theory*），全书共 800 多页。据说黎曼用极短的时间就学完了整本书，校长感到很惊讶，于是在黎曼的毕业考试中，校长直接用这本书里的内容考察黎曼，黎曼还真的解答了大部分问题。

黎曼 19 岁时进入了哥廷根大学学习神学，这时的他依然想成为传教士。进入大学后，黎曼知道了高斯在这里上课，于是经常偷偷去听高斯的课。最终有一天，他决定面对自己的内心，告诉父亲自己想学数学。然后他转学到柏林大学，目的是向德国数学家雅可比（Carl Gustav Jacobi, 1804—1851）和狄利克雷（Johann Peter Gustav Lejeune Dirichlet, 1805—1859）学习，这并不是因为黎曼不再喜欢高斯了，而是因为高斯不喜欢讲课，所以他的课很少，而雅可比和狄利克雷都是尽职尽责的老师。两年后黎曼又回到了哥廷根大学，并顺利毕业。毕业后，他成为高斯的博士生。

黎曼的人生并不漫长，也没什么波澜起伏。

1854 年他做了第一次演讲，内容为《论作为几何基础的假设》，正式开创了黎曼几何。这时罗巴切夫斯基还没有去世，并没有史料记载罗巴切夫斯基对黎曼的演讲发表过什么看法，可能他没有机会看到黎曼的讲话内容。

1857 年黎曼升为哥廷根大学的编外教授，但他并没有任教多久。1862 年，黎曼结婚后患上了肺结核，此后很少再有成果发表。1866 年，汉诺威王国和普鲁士王国的军队在哥廷根发生冲突，黎曼在逃往意大利的途中去世，享年 39 岁。与前文提到的大部分数学家不同，黎曼虽然影响力非常大，但是留给后世的研究却很少，只有 500 多页的一卷，可是每一页都显得沉甸甸的。

可能各位读者和当时的数学家有一样的疑问，虽然非欧几何学建立起来了，但是它到底有什么用呢？为什么我们非要费尽心力颠覆第五公设，然后创建一套奇怪的几何学呢？事实上，非欧几何非常重要，如果没有非欧几何的研究，也就不会有广义相对论。

爱因斯坦的理论是一个质量大的物体，会使周围的时空扭曲。爱因斯坦在研究广义相对论初期就明白，因为空间是弯曲的，所以传统意义上的计算方法在这里是无效的，需要一套能够计算曲面的工具。而爱因斯坦使用的就是非欧几何，尤其是黎曼几何非常契合爱因斯坦的需求。爱因斯坦之后，黎曼几何就变成了物理学家的必修课，而物理学中最前沿的方向"超弦理论"也需要大量使用黎曼几何。

非欧几何也最能体现数学的魅力。欧式几何、罗氏几何和黎曼几何之间的差距仅仅是修改了一条 2000 多年前的公理，就在这个基础上产生了一门崭新的学科。

第二节 群论和抽象代数

群论的故事源自两个天才。

伽罗瓦可以说是数学史上集最天才、最愚蠢、最倒霉于一身的人。后世有人觉得，他如果能够自然衰老而死亡，那么他在数学领域的地位肯定可以比肩欧拉。

伽罗瓦从小就展现出惊人的学习能力和远超常人的天赋，几岁时就阅读了大量的数学书籍。11岁时，伽罗瓦进入了当地最好的路易皇家中学就读，并且成绩优异。15岁时，伽罗瓦已经病态地沉迷于数学的海洋，他不想再学习任何其他的内容，开明的老师也允许他放弃其他课程，于是伽罗瓦开始潜心研究数学。据说他只花了两天时间，就掌握了《几何原理》的全部内容，并且已经开始研究拉格朗日的著作，拉格朗日是对他影响最大的数学家。16岁时，伽罗瓦开始了影响自己一生的研究——五次方程。但是备受打击的是，经历了两个月，也没能找到求根公式。其间他曾经发现过一个公式，一度兴奋地认为自己是正确的，但是在多次验证后，才发现是错误的。

读者朋友可能会好奇，为什么会有这么多人如此沉迷于方程求解的方法呢？一方面，方程求解确实十分重要，如果能获取一个方便的求解方法，可以说是革命性的突破，可以极大程度地加快运算速度，甚至能够完成以前根本不敢想象的运算；另一方面，方程求解几乎是数学领域在拓展底层定义上最强的推手，我们最后一节会讲到的无理数、负数、超越数和复数，这些基本都是在方程求解过程中遇到的，而为了解释它们，人们才拓展了数字的底层定义。

四次方程我们在前文提到过，是由卡尔达诺的学生费拉里发明的求根公式，那五次方程的求根公式到底是什么呢？人们思考了上百年以后发现，这个问题难度颇大，那不如想一个更简单的问题，五次方程有没有解呢？答案是：有的。这是由高斯证明的，他证明了对于任何非零的一元 n 次复系数次方程，都恰好有 n 个复数根。按照高斯的定理，五次方程就应该有五个根。

但五次方程的解答是一个非常复杂的问题，1799 年，意大利数学家鲁菲尼（Ruffini Paolo，1756—1822）写了一份厚达 516 页的论文《方程的一般理论》（*Teoria Generale delle Equazioni*），里面证明了五次方程不能用一个公式解答。他曾经把论文寄给拉格朗日，但并没有收到答复。而他的证明方法由于太过复杂，且大家搞不明白有什么用途，所以当时也没人愿意去读。他被当时主流的数学圈子彻底遗忘了。

伽罗瓦画像

　　1828 年，伽罗瓦参加了巴黎综合理工学院的入学考试，他虽然在数学上展现出无与伦比的天赋，但其他学科的成绩非常糟糕，所以最终没有被录取。次年，伽罗瓦发表了包含他重要发现的论文，但不幸的是，这篇论文被审稿人柯西弄丢了。此外还有两种说法：一是因为论文太短，缺乏基本的证明过程，所以柯西虽然认同他的想法，但是不认为这是一篇合格的论文；二是伽罗瓦是激进的革命派，而柯西是波旁王朝的支持者，出于政治主张，柯西故意忽略了这篇论文。

总之，伽罗瓦错失了一次可以扬名欧洲的机会。祸不单行，不久后伽罗瓦的父亲在一场政治争论后自杀身亡。这对伽罗瓦的性格产生了直接影响，也改变了他的人生态度。

这一年，伽罗瓦又报名了巴黎综合理工学院的考试，面试阶段，主考官对其中一个步骤提出了质疑，而伽罗瓦不想回答，他觉得考官根本听不懂他的思路。当考官说"你可能还是无法通过"时，伽罗瓦愤怒地拿起黑板擦砸向了考官。最终伽罗瓦只能去相对较差的巴黎高等师范学院就读，但巴黎高等师范学院也不是一所野鸡大学，伽罗瓦还是能够接受最基本的教育，并且享受优于校园外的研究环境。

1830年2月，伽罗瓦又向法兰西科学院提交了一篇论文，意在角逐大奖。上帝对他很不公平，负责评阅他论文的是傅里叶，但傅里叶在评阅论文期间突然去世。在一片混乱之中，他的论文再一次被遗失了，这次是真的丢失了。最终通报的结果是，因为找不到论文，所以伽罗瓦没能正式参赛。最终获得冠军的是另外两位知名的数学家阿贝尔（Niels Henrik Abel，1802—1829）和雅可比。

1830年法国七月革命发生，高等师范学院校长将学生锁在高墙内，引起伽罗瓦的强烈不满，同年12月，伽罗瓦在校报上公开抨击校长的做法。同时，由于强烈支持共和主义，1831年5月后，伽罗瓦两度因政治原因下狱，也曾企图自杀。后来，由于霍乱爆发，监狱被迫把所有羁押人员都放了，伽罗瓦最终获得了自由，但他和大家一样不得不面临霍乱疫情。

1832 年 5 月 29 日，伽罗瓦和人约好了一场决斗，当时的他已经意识到自己可能会失败，所以奋笔疾书，把自己在数学上的思考写了下来，整理成几封信，在信中恳求高斯或者雅可比一定要看看他的定理。1832 年 5 月 31 日，伽罗瓦和他预期的一样，死在了决斗场上，这时的他只有 20 岁。伽罗瓦死前曾和朋友提到过，他还有一个重大发现，但是由于时间太紧张来不及记录下来了，而我们现在也不清楚他的另一个重大发现到底是什么。

伽罗瓦去世后，他的朋友整理了他的全部成就——一共只有 61 页，发表在一本小众刊物上，并寄给了高斯和雅可比，但均石沉大海，无一人回复。一直到 1843 年，约瑟夫·刘维尔（Joseph Liouville，1809—1882）突然意识到伽罗瓦的成果有极大的价值，整理后于 1846 年重新发表。凭借刘维尔的影响力，人们才明白，原来这个 20 岁少年留下了一张通往数学新大陆的船票。

这个新大陆就是群论。

群论的诞生仿佛就是不祥的，因为群论的故事里还有另一个悲情的年轻人，就是前文提到的在法兰西科学院征文比赛中获得第一名的阿贝尔。

阿贝尔出生在挪威一个落魄的商人家族。16 岁时，阿贝尔可能已经是当时北欧最好的数学家之一了，那一年，阿贝尔证明了二项式定理对所有的数字成立，而在此之前欧拉的证明仅对有理数成立。

印有阿贝尔头像的邮票

1821 年，阿贝尔进入奥斯陆大学学习，其间开始研究五次方程式求根公式，但是并没有取得成果。他也曾兴奋地认为自己找到了公式，但是验证后发现了错误。为了要解决五次方程的求根，阿贝尔在和伽罗瓦完全不相识的情况下，各自独立地发明了群论。

1823 年，阿贝尔完成了自己的第一篇论文，并投稿给挪威最早创立的期刊，但是因为文章过于难懂而被拒。之后阿贝尔以法文版完成了论文，并且向德国哥廷根大学申请资金以发表该论文，但是论文又在审核期间被弄丢了。

阿贝尔这时已经非常落魄，他是在政府的资助下，才完成了最终的论文《一般一元五次方程式无公式解的代数方程证明》(*Mémoire sur les équations algébriques où on démontre l'impossibilité de la résolution de l'équation générale du cinquième degré*)，但因为实在没有钱支付印刷的费用，所以论文正文被压缩到仅有 6 页。在当时这种行为很常见，因为数学的印刷品并不是一般的通俗读物，并没有市场销量，而且 20 世纪以前，印刷的费用非常高，远不是一般人所能承受的，所以必须由作者自己出资印刷，然后自己分发。当时想要印刷自己的书的人，要么是自己有足够的资金，要么就是通过政府和大学提供赞助，因此，为了节省印刷费而压缩论文内容的行为在当时也十分普遍。

阿贝尔把论文寄给了高斯，但由于内容省略太多，加之本来内容难度就大，所以连高斯都没看懂。但这篇论文证明了一个很重要的结论：高于四次的一般方程不能有根式解。

鲁菲尼曾经给出过一个证明，阿贝尔没有看过鲁菲尼的证明，但很巧合的是，两人使用了相似的方法，并且阿贝尔规避了鲁菲尼证明中的一些错误，这个结论日后也被称为阿贝尔 – 鲁菲尼定理。

那在这个过程中伽罗瓦到底做了什么？首先，伽罗瓦在阿贝尔的基础上提出了伽罗瓦理论，并扩展出了群论的概念，他的理论相当于把几千年来人们研究的方程求解问题画上了句号。在研究几何图形的对称与空间结构中，群论是一个重要的工具，在群论的基础上又派生出一系列抽象代数的概念，包括环、域、模等。

一般抽象代数之父——应该说是"之母"的人是德国人埃米·诺特（Amalie Emmy Noether，1882—1935），环、域和域上的代数都是她的发明。因为犹太人和女性的身份，她一生贫困，无法接受良好的教育，最终死于卵巢囊肿。爱因斯坦评价她说道："若要评议当今世上最杰出的数学家，诺特小姐无疑是自女性受高等教育开始以来最非凡的数学创造天才。"

我们回到阿贝尔的故事里。

1825 年，阿贝尔写信给挪威国王，希望能出国学习数学，国王同意了他的请求，并给予了一定的资助。于是，阿贝尔拿着所有积蓄和政府的资助，开始在欧洲各国游历。1826 年，阿贝尔把自己的研究成果完整地提交到了法兰西科学院。他还发表过一篇关于椭圆函数的论文。

1827 年，已经身无分文的阿贝尔回到了挪威，还带着感染了肺结核后病恹恹的身体。之后的时间里，阿贝尔一直靠着朋友的接济过活，偶尔身体状况好的时候可以做一做家教，但生活依然窘迫。

阿贝尔一生中大部分论文都发表在一个冷门的刊物《纯粹与应用数学杂志》（*Journal für die reine und angewandte Mathematik*）上，这个杂志的创建者是德国数学爱好者克雷勒（August Leopold Crelle，1780—1855），所以这本杂志也简称为《克雷勒杂志》。数学领域中有一个方向叫纯粹数学，也叫基础数学。纯粹数学是专门研究数学本身，它并不以实际应用为目的。《克雷勒杂志》也是世界上第一本纯粹数学杂志。

克雷勒可能是当时欧洲唯一欣赏阿贝尔才华的人，为了接济阿贝尔，还让他给自己的杂志当过编辑。几年的时间里，克雷勒一直靠着私人关系跑上跑下，希望帮阿贝尔找到一份体面的工作，让他可以继续搞数学研究。克雷勒真的做到了，他帮助阿贝尔拿到了柏林大学的教职机会，这也是阿贝尔一生中唯一一份正式工作。

得知这一好消息的克雷勒高兴地给阿贝尔写了一封信，希望他能第一时间知道这个好消息。但遗憾的是，阿贝尔并没能看到这封信。信件寄到的前两天，也就是 1829 年 4 月 6 日，阿贝尔病逝了。前文提到的那次法兰西科学院的比赛，阿贝尔虽夺得了冠军，但他也没有看到结果。所以，阿贝尔生前从来不知道自己的研究有多么伟大。

两位几乎同时间研究出群论的年轻人，人生都定格在了 20 多岁。

第三节　数的发展

本书的一开始，我们讲的就是数。而在书的最后，要说回数，看一看现在到底有多少种数的分类。在区分数的事情上，数学家们遇到的最大问题是理解数后面的抽象概念。如果没有抽象的思考能力，也就无法构建数学世界的低层秩序。

无理数

前文提到过，毕达哥拉斯因为无法接受无理数的存在，所以直接把人扔到了海里，数学家们接受无理数比我们想象中要晚很多。真正去讨论无理数，并且对有理数和无理数进行区分已经是 19 世纪的事情了。1833 年到 1835 年之间，爱尔兰数学家哈密顿（William Rowan Hamilton，1805—1865）发表了《代数学作为纯时间的科学》（*Algebra as the Science of Pure Time*），认为可以把有理数和无理数放在时间的概念上去考虑，并且考虑用有理数来表达无理数，但是他并没有完成这项工作。后续也有人在同样的方向有过思考，但都没能落实。柯西也曾讨论过无理数，但并没能下一个明确的定义。柯西当时想到的办法是通过有理数序列的极限定义无理数，但是这样的无理数必须是一个预先已知的数。

解决这个问题的是 19 世纪末开始的数学公理化运动，此时数学家们开始反思，是不是需要从头研究对于数的定义。在这场运动中影响力最大的是德国数学家理查德·戴德金。

戴德金是高斯的学生，也是黎曼的好友。1872 年，戴德金发表了《连续性和无理数》(*Stetigkeit und Irrationale Zahlen*)。他提出了戴德金分割，来定义实数。戴德金认为可以把有理数分为两个集合 A 和 B，并且 A 和 B 没有重复的元素。有有理数 a 和 b，分别属于集合 A 和 B，那么 a 一定小于 b。这种分割有三种情况：① A 中有最大值，B 中没有最小值；② A 中没有最大值，B 中有最小值；③ A 中没有最大值，B 中也没有最小值。在第三种情况下，这个有理数的数轴出现了一个空隙，那么填充这个空隙的就是无理数。而每一个实数对应的就是一个戴德金分割。

也就是通过戴德金分割，才完美定义了实数和无理数，也解决了微积分战争中关于无穷小量的问题，因为在戴德金分割表达的实数体系里是不存在无穷小量的。

网上经常能看到一道很经典的题目：0.9999…是不是等于 1 ？按照戴德金的实数体系，这两个数是相等的，因为在两个数之间找不到另外一个数，所以它们就是同一个数。当然，从更复杂一点的超实数体系来说，我们又不能说这两个相等，因为在超实数里添加了无穷小量，这两个中间必然存在一个无穷小的数。所以回答这个问题，要定义具体的范围。

戴德金照片

负数

数学的发展史是曲折的，很多我们现在所熟知的简单概念，其实可能经历了上千年的变革，其中最好的例子就是负数。

在欧洲，最早接受负数的知名数学家是斐波那契，他的《算盘书》中提到了负数可以表示负债，但是斐波那契不认同负根的存在。很有意思的是，斐波那契甚至已经提出了"负负得正"的算法，但还是无法认同负数的存在。许凯也提到过负数，但是在当时被称为荒谬数。荷兰数学家吉拉尔（A.Girard，1595—1632）是最早承认方程负根的数学家。此外，吉拉尔也提出了一个重要的代数定理："一个 n 次方程应该有 n 个根"，并且除了负数，吉拉尔还接受了虚数根，但这在当时看来，依然是异类。到了笛卡尔的时代，人们在一定程度上接受了负数，但是依然不能接受负根，当时笛卡尔称负数为"假数"。

搞出了微积分后，人们还是不接受负数，莱布尼茨就表示，哪怕出现负数，也不要试图理解它。从某种意义上来说，负数已经成了数学家的心病之一。有很多人尝试理解或者推演负数的定义，但都没有结果。第一个开始大规模使用负数的人就是牛顿，但牛顿对于负数的使用仅限于物理，他在运动的表示中使用了负数。在牛顿以后，负数的概念逐渐在物理学领域被接受，毕竟在物理层面解释负数相对容易，因为往反方向走这件事确实是存在的。但当时的数学家依然无法接受负数，从几何角度看，负数简直如同老鼠屎，如同显示屏幕上的手指印，如同手机里删不掉的 app。

负数一度成为欧洲人的噩梦。法国作家、《红与黑》的作者司汤达（Stendhal，1783—1842）也曾被负数困扰过。当时的学校已经开始教授负数，并且提供了负负得正的算法。但是司汤达无法理解，他举了一个让老师很崩溃的例子：一个人该怎样把 500 法郎的债与 10000 法郎的债乘起来，才能得到 5000000 的收入呢？要解释这个问题其实很简单，只要记住 500 法郎和 10000 法郎两个有单位的正数也不能那样相乘就好，因为那样得到的单位是法郎的平方，而不是法郎。不过当时的人们普遍不能理解这件事。

到了 19 世纪初，负数依然没有被数学家们普遍接受。19 世纪的英国知名数学家德摩根（Augustus De Morgan，1806—1871）在 1831 年举过一个例子："父亲 56 岁，儿子 29 岁。问什么时候，父亲的岁数是儿子的 2 倍？"这是一个很简单的方程 $56 + x = 2(29 + x)$，结果是 $x = -2$。他认为这是荒谬的。虽然根据我们现在的数学知识很容易解释，-2 就是相当于后退两年，但德摩根认为当算出的答案为负数时，必须做出特殊的说明，以回避负数本身的数学实在性。

混乱的局面一直持续到 19 世纪中旬，数学家们采用严格定义取代了飘忽不定的直觉。

1860 年，魏尔施特拉斯把有理数定义为整数对，即当 m，n 为整数时，n/m（$m \neq 0$）定义为一个有理数；当 m，n 中有一个为负整数时，就得到一个负有理数。这是第一次把负数建立在整数的基础上，并且关联了有理数的定义。意大利数学家朱塞佩·皮亚诺（Giuseppe Peano，1858—1932）用自然数确立了整数的地位：设 a，b 为自然数，则数对（a，b）即 "$a - b$" 定义一个整数，当 $a > b$ 时为正整数，$a < b$ 时就得到了一个负整数。现在所沿用的负数的定义就源自这里。

超越数

高中阶段，我们做数学题时可能会听到老师说：这是一个超越方程，无法通过常规方法求解。也可能听老师大概提到过超越数。

超越数是欧拉在 1748 年提出的。欧拉在当时提出这个概念极为另类，因为当时人们一个超越数都不知道，这种情况下贸然提出这样一个定义，到底存不存在，到底有没有意义，谁都不知晓。

那到底什么是超越数呢？

超越数对应的是代数数，所谓代数数就是能作为有理系数多项式方程的根的数，而不满足这个条件的就是超越数，也就是不能作为有理系数多项式方程的根的数。因为这个数超越了代数运算，所以才被称为超越数。注意代数数有可能是有理数，也可能是无理数。但是超越数一定是无理数。人们意识到这个超越数与无理数相关，在无理数中，最知名的是 e 和 π，所以大部分数学家都从这两个数字下手，但是没人能够证明他们到底是不是超越数，高斯也曾经尝试过，但最终失败了。

第一个找到超越数的是刘维尔，1844 年他发现了 $\sum_{k=1}^{\infty} 10^{-k!} =$ 0.11000100000000000000001000… 是超越数，这个数字也被称为刘维尔数。因为这是一个人为构造的超越数，虽然这是一个突破，但它缺乏实际意义。

德国数学家魏尔施特拉斯的学生康托尔在集合的基础上试图解释超越数，但是因为理论太过于反直觉，导致被当时的数学家集体攻击。当时，以另外一个德国数学家利奥波德·克罗内克（Leopold Kronecker，1823—1891）对他的批判最为激烈，康托尔承受不住打击，最终精神崩溃，住进了精神病院。

康托尔在解释无穷时举的例子在网上经常可以看到。我们如何确定两个无穷的集合是不是相等呢？只要看两个无穷集合里的数据能不能做到一一对应。只要可以，那就说明相等；如果没有一一对应的对象，那么就不相等。所以我们可以知道在两个自然数集合里，一个只有偶数，一个只有奇数，那么这两个集合一定是相等的，因为每个偶数都能找到减一对应的奇数，如下表所示。

2	4	6	8	10	12	14	16	18	⋯
1	3	5	7	9	11	13	15	17	⋯

但有个反直觉的理论是，如果这两个集合全是自然数的无穷大集合，一个是全部自然数，一个是偶数，那么哪个集合更大？正常人的第一反应一定是全部自然数，毕竟全部自然数包含了偶数。但事实是，两个无穷大的集合是相等的，因为每个自然数乘以2，都是一个偶数，而这个偶数一定在偶数集合里，如下表所示。

1	2	3	4	5	6	7	8	9	⋯
2	4	6	8	10	12	14	16	18	⋯

所以这两个集合就是一样大的。其实在伽利略时代就已经意识到平方数和所有正整数的数量是相同的，但是并没有做更深入的讨论。

希尔伯特还通过一个故事讲述过无穷大的特点，他的故事是在一个无穷大的酒店里，里面住满了客人。这时，有新的客人来了，为了给他腾位置，就让 1 号房的人到 2 号，2 号房的人到 3 号，3 号房的人到 4 号，以此类推，新的客人住到 1 号房里就可以。之后又有无穷多个客人来了，为了让他们住进来，可以让 1 号房的人到 2 号，2 号房的人到 4 号，3 号房的人到 6 号。以此类推，这样所有奇数的房间也被清空了，而奇数的房间是无穷个，所以无穷的客人也可以住进来。这就是无穷概念里很重要的理论——部分和整体可能相等。

我们回到超越数。

第一个解决这个问题的是法国数学家夏尔·埃尔米特（Charles Hermite，1822—1901）。他和伽罗瓦毕业于同一所中学，一开始研究的方向也是五次方程。1858 年，埃尔米特通过一个另类的思考方式，给出了一个五次方程的椭圆函数解。

埃尔米特的人生并不如意，他在巴黎综合理工学院当了 21 年的助教，一直到 47 岁才成为法兰西科学院的院士。埃尔米特还是柯西的好友，不过柯西在学术上对他的帮助不大，柯西对埃尔米特最大的影响是让他信了教。埃尔米特最大的成就是在 1873 年第一次证明了 e，也就是自然对数的底，是一个超越数。这个发现震惊了整个数学界，也让埃尔米特成为当时最有影响力的数学家之一。当时有人劝说埃尔米特尝试证明 π 是超越数，但是埃尔米特拒绝了，因为光一个 e 的证明过程就极为折磨人，他不想再被折磨一次了。

当然，埃尔米特还有一个成就，另外一位伟大的法国数学家庞加莱（Jules Henri Poincaré，1854—1912）是他的学生。

埃尔米特照片

解决 π 的问题的是一位德国数学家林德曼（Carl Louis Ferdinand von Lindemann，1852—1939），他在 1882 年证明了 π 是超越数。根据这个结果也可以证明，因为 π 是超越数，所以不可能用圆规和直尺解决古希腊三大难题中化圆为方的问题。我们回顾一下这个问题：能不能用圆规和直尺画出一个与圆面积相当的正方形。在古希腊时代提出的问题，被一个意想不到的超越数给解决了。

不过林德曼的证明方法和埃尔米特极为相似，基本是建立在他的方法的基础上。所以令人们感到遗憾的是，当年埃尔米特如果再加一把劲儿，或许就能顺利地再证明 π 是超越数。

希尔伯特的 23 个问题里，曾有一个把无理数、代数数、超越数全部串联起来的问题——第七问题。题目为："若 b 是无理数，a 是除 0、1 之外的代数数，那么 a^b 是否是超越数。"苏联数学家亚历山大·格尔丰德（Алекса́ндр О́сипович Ге́льфонд，1906—1968）和德国数学家西奥多·施耐德（Theodor Schneider，1911—1988）分别在 1934 年和 1935 年独立证明了此问题，他们证明的结果被称为格尔丰德 – 施奈德定理。在证明过程中，也产生过用两人名字命名的超越数：$e^π$ 被称为格尔丰德常数，而 $2^{\sqrt{2}}$ 被称为格尔丰德 – 施奈德常数。

虚数和复数

虚数和复数是一个很奇特的概念，在中国高中阶段几乎都会学到，但是很少考到，即便是出现在考试中，题目也极为简单。那么到底什么是虚数和复数呢？

要想明白虚数和复数，我们先要回忆一下。在本书的开篇我们就提到，早期人们对数的定义是与实际的物体结合的，是人们为了表示某个东西的数量才出现的数字，所以这类数字就叫作自然数。当然，自然数有个有趣的话题，那就是 0 算不算自然数？在笔者上学时，教材的定义还不把 0 当作自然数，但是现在的教材里已经改为 0 是自然数了。关于这个问题至今仍然存在争议，没必要过多追究。所以从一开始，人们定义数字，就是为了实用。

我们所说的实数，一般包含有理数和无理数。但有一些数在我们生活中是不存在的，是用不到的，虚数就是这样一类数。而虚数的存在又是有必要意义的，因为我们需要通过虚数来做一些数学运算。举个最简单的例子：$x^2 + 1 = 0$，这个式子在实数范围内是无解的。那我们如果需要有解，该怎么办呢？我们可以定义出根号下的负数，比如 $\sqrt{-1}$，代入原式子就可以作为解。这个 $\sqrt{-1}$ 就是虚数。而复数就是包含了虚数和实数的更大范围的数。

在发明一元二次方程以后，这个 $\sqrt{-1}$ 频繁地出现在各种方程里，让所有的数学家很烦恼。0、负号和无理数都让数学家们头疼了那么多年，更何况这个看着更离谱的 $\sqrt{-1}$。笛卡尔曾经用 nombre imaginaire（虚构的数）来表示这个数字。之后欧拉解释说，这就是一个 imaginary number，也就是现在虚数的英文，$\sqrt{-1}$ 也被简称为 i。欧拉在虚数的基础上创造出了欧拉公式 $e^{i\pi} + 1 = 0$，美籍犹太裔物理学家理查德·费曼将欧拉公式称为"我们的珍宝"和"数学中最非凡的公式"。此外还发现，在实数中毫无关系的指数函数和三角函数，在引入虚数后，两者产生了关联：$e^{ix} = \cos(x) + i\sin(x)$。

后来数学家们也理解了 i：在二维坐标里，一个数字乘以 i，就是旋转了 90°，所以人们发现了复数的几何意义，或者换个角度说，复数的意义就是在二维空间里赋予了乘法几何意义，于是复数的概念开始被普遍接受了。此外，在复数里，由于负数可以开平方，因此使得方程的理论更完美，解决了在实数范围里，简单的一元二次方程不一定有解的尴尬。

现在，复数在物理的研究中扮演着非常重要的角色。复变函数，指的是以复数作为自变量和因变量的函数，是物理专业学生的基本计算技能，是物理系本科生的数学必修课。

后记

感谢读者朋友们可以阅读完此书。

我写作本书的目的只有一个：让那些对数学不感兴趣，或者不甚了解的人，能够在最短的时间里了解数学这一学科的发展史。所以写作本书的两个关键点是短小、易读，并且我尽可能减少了公式、证明和数学语言的密度。本书涵盖的数学史范围是大家从小学到大学期间能接触到的数学内容，保证读者朋友们在阅读的时候可以想到当年或者正在学习的数学课本的内容。书中使用的图片都来自维基百科。

虽然我知道学数学是有意义的事情。但我还是要说，这个世界上不是所有的事情都要被赋予意义，数学本身美妙而又浪漫。哪怕我们看不到它的意义，也可以感受它的美好。

祝愿每一位读者朋友可以热爱数学、享受数学。

全书参考资料

[1] 维基百科条目：History of mathematics、Rhind Mathematical Papyrus、Moscow Mathematical Papyrus、Diophantine equation、Erdős–Straus conjecture、Muhammad ibn Musa al-Khwarizmi、Thales's theorem、Euclid、Blaise Pascal、Giordano Bruno、Christiaan Huygens、Charles Hermite、Isaac Newton、Muhammad ibn Musa al-Khwarizmi、Fibonacci、Luca Pacioli、Gerolamo Cardano、Niccolò Fontana Tartaglia、Scipione del Ferro、Lodovico Ferrari、Rafael Bombelli、John Napier、Tycho Brahe、René Descartes、Johannes Kepler、Gottfried Wilhelm Leibniz、Pierre de Fermat、Leonhard Euler、Joseph-Louis Lagrange、David Hilbert、Fermat's Last Theorem、Andrew Wiles、Christian Goldbach、Goldbach's conjecture、Number theory、Emmy Noether、Srinivasa Ramanujan、Differential geometry.

[2] Folkerts, M. Knorr, .Wilbur R. Fraser, et al. *mathematics*[EB/OL]. https://www.britannica.com/science/mathematics.

[3] Stillwell J.*Mathematics and Its History* [M].3rd .Springer, 2010.

[4] 梁宗巨. 世界数学通史 [M]. 第一版 . 沈阳 : 辽宁教育出版社 , 2005.

[5] 莫里斯·克莱因.古今数学思想（第一册）[M].第一版.上海：上海科学技术出版社,2014.

[6] 莫里斯·克莱因.古今数学思想（第二册）[M].第一版.上海：上海科学技术出版社,2014.

[7] 莫里斯·克莱因.古今数学思想（第三册）[M].第一版.上海：上海科学技术出版社,2014.

[8] 吴文俊.中国数学史大系(第1卷)[M].第一版.北京：北京师范大学出版社,1998.

[9] 蔡天新.数学与人类文明[M].第一版.北京：商务印书馆,2012.

[10] 蔡天新.数学传奇[M].第一版.北京：商务印书馆,2016.

[11] 托马斯·德·帕多瓦.莱布尼茨、牛顿与发明时间[M].第一版.北京：社会科学文献出版社,2019.

[12] 爱德华·多尼克.机械宇宙——艾萨克·牛顿、皇家学会与现代世界的诞生[M].第一版.北京：社会科学文献出版社,2016.

[13] Dunham W.天才引导的历程：数学中的伟大定理[M].第一版.北京：机械工业出版社,2022.

[14] 乔治·伽莫夫.从一到无穷大[M].第一版.南昌：江西人民出版社,2019.

[15] 比尔·柏林霍夫,费尔南多·辜维亚.这才是好读的数学史[M].第一版.北京：北京时代华文书局,2019.

[16] 米卡埃尔·洛奈. 万物皆数：从史前时期到人工智能，跨越千年的数学之旅 [M]. 第一版. 北京：北京联合出版公司, 2018.

[17] 史蒂夫·斯托加茨. 微积分的力量 [M]. 第一版. 中信出版社, 2021.

[18] 汪晓勤，栗小妮. 数学史与初中数学教学——理论、实践与案例 [M]. 第一版. 上海：华东师范大学出版社, 2019.

[19] 汪晓勤，沈中宇. 数学史与高中数学教学——理论、实践与案例 [M]. 第一版. 上海：华东师范大学出版社, 2020.

[20] 威廉·邓纳姆. 微积分的历程：从牛顿到勒贝格 [M]. 第一版. 北京：人民邮电出版社, 2010.

[21] 莫里斯·克莱因. 西方文化中的数学 [M]. 第一版. 北京：商务印书馆, 2013.

[22] 威廉·邓纳姆. 数学那些事：伟大的问题和非凡的人 [M]. 第一版. 北京：人民邮电出版社, 2022.

[23] E.T. 贝尔. 数学的历程 [M]. 第一版. 上海：华东师范大学出版社, 2020.

[24] 乔尔·利维. 奇妙数学史：从早期的数学概念到混沌理论 [M]. 第一版. 北京：人民邮电出版社, 2016.

[25] 迈克·戈德史密斯. 奇妙数学史：从代数到微积分 [M]. 第一版. 北京：人民邮电出版社, 2020.

[26] 汤姆·杰克逊. 奇妙数学史：数学与生活 [M]. 第一版. 北京：人民邮电出版社, 2018.